生物多様性をめぐる
国際関係

毛利勝彦 編著

大学教育出版

はじめに

　地球の地軸が公転面に対して23.4度傾いていた奇跡が、季節の変化を生み出した。日本では四季が生命の豊かさを育み、人びとの生活を支えてきた。しかし、人間活動のさまざまな要因が自然環境のバランスだけでなく人類社会のサステナビリティさえも急速に脅かしつつある。今日のグローバル社会が早急に答えを出さなければならない人工的な危機の「四季」は、沈黙の春、炭素の夏、金融の秋、核の冬と言えようか。

　沈黙の春。レイチェル・カーソンが化学物質の影響について『沈黙の春』を著した1960年代初めには、まだ「生物多様性」という言葉はなかった。彼女が生態系について、「地球は生命の糸で編み上げられた生命のレースで覆われており、人間はその編み目の1つである」と表現したように、必ずしも明確に見えているわけではない複雑な生命のつながりの神秘さや美しさを感じとるには「センス・オブ・ワンダー」が必要となるのだろう。「『知る』ことは『感じる』ことの半分も重要ではない」と彼女が言ったのは、「神秘さや不思議さに目を見はる」豊かな感受性こそが「知識や知恵を生み出す種子」を育む「肥沃な土壌」だからである。文学者の感性と科学者の理性の双方を駆使するアーツとサイエンスが求められている。センス・オブ・ワンダーを持ち続け、ときに人間の眼から解放されて、風の眼、森の眼、魚の眼、水の眼をもって生物多様性をめぐるガバナンスを探りたい。

　炭素の夏。1970年代に国際交渉課題として顕在化した環境問題は、国内の公害問題から越境汚染や地球環境への認識論的変容とともに、関連する国際レジームとの接点において複雑な様相を呈している。とりわけ気候変動が最重要課題として注目されているが、1992年の地球サミットで気候変動枠組条約とともに採択された生物多様性条約については国際世論においても問題解決のための取り組みにおいても主流化しているとは言えない。しかし、国連が国際生物多様性年と定めた2010年には名古屋で生物多様性条約第10回締約国会議・

カルタヘナ議定書第5回締約国会議が開催され、日本では急速に関心が高まった。気候変動交渉においても、生物多様性条約交渉においても、気候変動と生物多様性との相互連関が議論された。生物多様性保全のためには生物多様性レジーム内のみならず、気候変動や森林など他の地球環境レジームとの関係を解明する必要がある。

　金融の秋。グローバル社会の危機は、地球環境だけでなく食料・エネルギーや金融の危機とともに到来した。金融セクターの動きは、革新的な資金メカニズムやグリーン開発メカニズムの議論を通じて生物多様性保全にも大きな影響を与える。生態系サービスという概念の導入や生物多様性保全事業への民間参画、市場メカニズム、知的財産権など、経済やビジネスといった地球環境問題以外のレジームとの関係について、その概念的枠組みと政策的課題を検討する必要がある。金融や経済的な諸側面については、先進諸国のみならず、とりわけ多様な生態系・生物種・遺伝資源の多くが存在する途上国にとって重要である。

　核の冬。種としてのホモ・サピエンスも絶滅しうる核戦争の危機にあった冷戦の終焉とともに、国際関係は東西対立から開発や環境をめぐる南北対立が焦点となった。しかし、核兵器だけでなく化学兵器や生物兵器による大規模な生態系破壊リスクがなくなったわけではない。大量殺戮兵器を使用しなくても、劣化ウラン弾や核廃棄物などの影響が憂慮される。また、乱獲・乱開発や気候変動による生物多様性喪失は水や食料を含む資源争奪の原因にもなりうる。本書においては、環境問題の平和的側面や安全保障に関わる課題を明示的には取り上げていないが、生物多様性は平和や安全にも深く関係することを忘れてはならないだろう。

　人間や他の生命の健康や教育・科学・文化といった社会的側面、気圏・地圏・水圏といった環境的側面、金融・貿易・開発といった経済的側面は、持続可能な開発の3本柱とされる。沈黙の春、炭素の夏、金融の秋は、これらの3本柱の崩壊リスクを象徴している。これらの危機とは別の道を進むため、本書では、社会科学と自然科学の知的交流の可能性、生物多様性と気候変動、森林破壊、水資源といった密接に関わるが異なる地球環境レジーム間関係の解明、

環境問題としての生物多様性レジームと経済開発、人間開発・社会開発、地域開発など環境問題以外の国際レジームの複雑な関係について理論的整理と政策的含意を引き出したいと考えた。

名古屋での国際交渉においては、「2010年目標」の達成状況の評価と次期目標、遺伝資源へのアクセスと利益配分（ABS）に関する国際的枠組み、気候変動との関連・科学的基盤・資金メカニズムなどが課題となった。これらの交渉動向における国際関係を明らかにすることは、今日のグローバル社会における喫緊の政策課題をより深く理解するのみならず、教育や研究の学際的連携にも資する。

意味ある成果を引き出すため、本書では9つのサブテーマを設定した。第1章は国際関係学の視点から見た生物多様性ガバナンスの概観である。第2章は、クジラやマグロに続き国際問題となっているサメをめぐる事例研究から政治と科学技術との相互関係を解析した。第3章から第5章は、生物多様性レジームと他の地球環境レジームとの相互関係を気候変動、森林、淡水について焦点を当てて検証したものである。第6章から第9章は、地球環境問題としての生物多様性と環境問題以外の国際制度との関係について、バイオセーフティ、遺伝資源へのアクセスと利益配分、ビジネスなどの民間参画と資金メカニズム、地域開発を中心とした開発問題に焦点を当てた論考である。

本書は、国際基督教大学社会科学研究所の2010年度研究プロジェクト「生物多様性保全をめぐる国際関係」の成果である。収録された論考は、2010年秋に国際基督教大学で実施されたシリーズ講演をもとに、名古屋での国際交渉結果を踏まえて加筆修正されたものである。名古屋での国際会議開催中の多忙な時期に講演と執筆を快諾していただいた研究協力者の方々をはじめ、本プロジェクトの機会を与えていただいた社会科学研究所（ヴィルヘルム・フォッセ所長）に謝意を表したい。また、本書の上梓にあたっては、大学教育出版の佐藤守社長と編集部の安田愛さんに大変お世話になった。本書が生物多様性ガバナンスの理解と構築の一助となれば幸いである。

（追記）

本書作成の最終段階で東日本大震災が発生した。地震・津波・原発事故の甚

大な被害や混乱に直面して、未成熟な政治経済とともに、科学技術の限界を痛感せざるをえない。自然と共生する世界に転換する、もう1つの「プランB」に基づく復興に早急に取り組まなくてはならない。

2011 年 4 月

編著者

参考文献

カーソン、レイチェル　青樹簗一訳『沈黙の春』新潮社、1987 年。
カーソン、レイチェル　上遠恵子訳『センス・オブ・ワンダー』新潮社、1996 年。
ブラウン、レスター　北城恪太郎監訳『プラン B』ワールドウォッチジャパン、2004 年。

生物多様性をめぐる国際関係

目　次

はじめに ……………………………………………………………… *i*

第1章　生物多様性ガバナンスをめぐる国際関係 ……………毛利勝彦… *1*
  1. はじめに　*1*
  2. 生物多様性とは何か　*2*
  3. 誰がいつ問題にしたのか　*4*
  4. どこが問題なのか　*8*
  5. なぜ問題なのか　*10*
  6. どのように対処してきたのか　*12*
  7. まとめ　*16*

第2章　生物多様性における科学と政治
　　　　―サメ類の資源管理を事例に― ……………………石井　敦… *19*
  1. 生物多様性の出自　*19*
  2. サメとは　*20*
  3. 分析視角　*22*
  4. 国際的なサメの資源管理　*23*
    （1）黎明期から1990年代まで　*23*
    （2）ボン条約　*24*
    （3）国際漁業資源管理機関（RFMOs）　*25*
  5. 被影響制度としてのワシントン条約　*26*
  6. ワシントン条約におけるサメ類の交渉過程　*28*
    （1）COP11（2000年）　*28*
    （2）COP12（2002年）　*30*
    （3）COP13（2004年）　*32*
    （4）COP14（2007年）　*33*
    （5）COP15（2010年）　*36*
  7. 制度間相互連関のトリガーとしてのサメのノンレジーム　*37*
  8. 結論　*39*

第3章　生物多様性レジームと気候変動レジームの連結
　　　　―持続可能で有機的なネクサスの模索― ……………………太田　宏…44
1. はじめに　44
2. 環境レジーム間の複雑な相互連関
　　―気候変動レジームと生物多様性レジーム―　45
3. 気候変動レジームにおける生物多様性問題　47
　　（1）生物多様性問題が気候変動レジーム内の交渉議題に上った経緯　47
　　（2）気候変動レジーム内での生物多様性問題の討議―REDD＋を中心に―
　　　　　　　　　　　　　　　　　　　　　　　　　　　　　　　　　50
4. 生物多様性レジームにおける気候変動問題　56
　　（1）気候変動問題が生物多様性レジーム内の交渉議題に上った経緯　56
　　（2）REDD＋に関する討議の概要とCOP10決定の主な内容　58
　　（3）バイオ燃料に関する討議の概要とCOP10決定の主な内容　59
　　（4）ジオエンジニアリングに関する討議の概要とCOP10決定の主な内容　60
　　（5）リオ条約間の協力に関する討議の概要とCOP10決定の主な内容　62
5. おわりに　63

第4章　森林と生物多様性 ………………………………………香坂　玲…70
1. 時間と空間によって異なる「良い森林」「美しい森林」　70
2. 生物多様性条約などにおける森林の議論　72
　　（1）森林の定義―容易ではない森林の定義や関連用語―　72
　　（2）CBDのレジームでの扱い　73
3. COP10の議論と今後の展開　78
　　（1）2010年目標の失敗　78
　　（2）愛知目標の設定　81
　　（3）COP9とCOP10での森林の議論　83
4．まとめ―COP10の成果と今後の展望―　87

第5章 農業から見た生物多様性と水 …………………… 佐久間智子…92

1. 農地開発と生態系の破壊　92
2. 農地劣化と水系の破壊　94
3. 増える需要と滞る生産性向上　96
4. 食の近代化がもたらした農産物需要の増加　98
5. 不公正な貿易システムがもたらす農地拡大　100
6. 農業と気候変動　101
7. 農業品種の多様性と土壌の生物多様性　104
8. 近代農業の環境影響と日本の農業の環境適合性　106
9. 環境を保全する農業のあり方　108
10. 農業と生物多様性のガバナンス　110

第6章　生物多様性とバイオセーフティ―遺伝子組換え生物をめぐる政治と国際関係― ………………………………………… 大河原雅子…115

1. はじめに　115
   （1）生活者の視点を政治に　115
   （2）未来の子どもたちからの預かりもの　116
2. 生物多様性とバイオセーフティがなぜ重要なのか　117
   （1）生物多様性条約　117
   （2）カルタヘナ議定書　121
   （3）「夢の技術」か―遺伝子組換え技術に対する期待と懸念―　122
3. 責任と修復（救済）　125
   （1）責任と修復をめぐる政治　125
   （2）責任と修復をめぐる国際関係　129
4. 名古屋・クアラルンプール補足議定書　131
5. まとめ　134

第7章 生物多様性と遺伝資源―アクセスと利益配分をめぐって―
.... 隅藏康一···*137*

1. はじめに *137*
2. 製薬企業における遺伝資源の利用 *138*
3. その他の業界における遺伝資源の利用 *140*
4. 南北対立 *141*
5. 国際的枠組み *142*
6. 比較事例としての特許制度 *144*
7. 名古屋議定書 *146*
   - （1） 遡及適用 *146*
   - （2） 派生物の取扱い *147*
   - （3） アクセスに関する事前同意の法的確実性 *147*
   - （4） 伝統的知識 *147*
   - （5） 病原体 *148*
8. 今後の課題 *148*
   - （1） 非商業目的の研究 *149*
   - （2） 特許出願における出所開示義務 *149*
   - （3） ヒト遺伝子の例外 *150*

第8章 生物多様性とビジネス .... 粟野美佳子···*152*

1. 議論の経緯 *152*
2. COP10における議論 *156*
3. 名古屋議定書のビジネスにとっての意味 *157*
4. 愛知目標のビジネスにとっての意味 *160*
5. 資金動員戦略のビジネスにとっての意味 *163*
6. グリーン開発メカニズム（GDM） *166*
7. 生物多様性条約以外の動き *167*
8. 事業活動と生物多様性 *170*

第9章　生物多様性と地域開発―愛知ターゲットと保護地域ガバナンス―
　　　　　　　　　　　　　　　　　　　　　　　　　　　　　　　　高橋　進…177

1. はじめに　*177*
2. 愛知ターゲットと保護地域―保護地域の拡大でなぜ対立するのか―　*178*
   - （1）　生物多様性条約と保護地域　*178*
   - （2）　2010年目標と保護地域　*178*
   - （3）　ポスト2010年目標―愛知ターゲット―　*180*
3. 国立公園の誕生―保護地域とは何か―　*181*
   - （1）　世界で最初の国立公園　*181*
   - （2）　日本における国立公園の誕生　*183*
4. 保護地域と地域開発―なぜ保護地域は地域開発の支障となるのか―　*185*
   - （1）　国立公園の世界的拡張と強制退去　*185*
   - （2）　保護地域と地域社会の軋轢　*186*
5. 保護地域ガバナンスの変遷―地域社会重視のトレンド―　*188*
   - （1）　統治管理から地域社会重視のガバナンスへ　*188*
   - （2）　開発援助による保護と開発の統合　*189*
   - （3）　エコツーリズムの誕生　*189*
   - （4）　エコツーリズムと国際開発援助　*191*
   - （5）　エコツーリズムと地域振興　*192*
   - （6）　地域住民の資源利用容認へ　*193*
   - （7）　地域社会との協働管理　*194*
6. 国立公園ガバナンスの変遷―協働管理に向かうインドネシアの事例―　*197*
   - （1）　インドネシアの自然と資源　*197*
   - （2）　国立公園管理と開発援助　*198*
   - （3）　生物多様性保全プロジェクト　*199*
   - （4）　協働型管理への模索　*200*
7. おわりに―保護地域管理の新たなパラダイム―　*202*

生物多様性をめぐる国際関係

1 生物多様性ガバナンスを めぐる国際関係

毛利勝彦

1. はじめに

　生物多様性ガバナンスを国際関係学の視点から概観することは、少なくとも2つの点で重要である。1つは、生物多様性をめぐる国際交渉の課題構造やプロセスを理解することで生物多様性保全のための国際関係がどうあるべきかについて含意を引き出したい。もう1つは、逆に生物多様性という概念や考え方が国際関係学の成熟に寄与することを期待したい。

　国際生物多様性年と定められた2010年には名古屋で生物多様性条約第10回締約国（COP10）・カルタヘナ議定書第5回締約国会議（MOP5）が開催され、さまざまな課題が交渉された。生物多様性ガバナンスをめぐるこれらの国際交渉について、国際関係学が問うべき課題は何か。この章では、以下の問いに答えたい。生物多様性とは何か。誰がいつ問題にしたのか。どこが問題なのか。なぜ問題なのか。これまで、どのように対処してきたのか。そして、今後どう対処すべきなのか。

　学問としての国際関係学が自然科学から受けた影響は大きい。単独主義、二国間主義、少数国主義、多国間主義といった集合論的概念や絶対的利得、相対的利得をめぐるゲーム理論は数学の援用である。経済成長率、軍備や関税の削減率は微分の発想であるし、2015年までに貧困人口割合の半減を目指すミレニアム開発目標（MDGs）や温室効果ガス排出量を半減する中長期目標の設定

は積分の思考である。「パワー」の「衝突」や貿易「摩擦」という用語は、物理学からのメタファーである。経済「統合」論やヘーゲルやマルクスの弁証法は、化学反応の類推と言えようか。地学を援用した地政学や地域研究の接近もある。これらに対して、「共生」や「進化」といった生物学あるいは生態学的概念を援用して生物多様性ガバナンスを見るとどのような国際関係が描けるだろうか。自然科学概念の社会科学への安易な誤用に注意しつつ考えてみたい。

2. 生物多様性とは何か

　生物多様性条約では、生物多様性という用語を「すべての生物の変異性」であるとし、「種内の多様性、種間の多様性および生態系の多様性」を含むとしている。「生物の変異性」とは、生物個体間の形質の違いである。変異は、淘汰や遺伝とともに進化論の基本概念である。種内の多様性とは、特定の変異を持つ個体が環境への適応の度合いによって高い生存率で自然選択され、次世代へと継承される遺伝子構成の多様性である。種間の多様性とは生物種の多様性である。マイアによれば交配可能で他のグループとは生殖的に隔離された自然集団として生物学的種が分類されるが、その適用には難しさもある[1]。ダーウィンは地理的環境の違いを強調して種分化のプロセスを説明したが、種の概念や種分化についてはなお論争が続いている。生態系の多様性は、生物種間による生物群集や非生物的な環境要因によってさまざまだが、主に気候条件などによって山地、ツンドラ、熱帯林、温帯林、砂漠、海洋などの生態系が存在する。国際社会においては、山地や河川や海洋が国境となることもあるが、遺伝子、種、生態系の多様性は国境にかかわらず動的で複雑である。政治・経済・社会・文化など社会・人文科学的な分類とは必ずしも一致しない領域やプロセスを生物多様性条約で取り扱っていることに注意する必要がある。

　生物多様性条約の前文では、生物多様性の「内在的な価値」が言及されているが、条文で示されている3つの目標は、「生物多様性の保全」、「生物多様性の構成要素の持続可能な利用」、「遺伝資源の利用から生ずる利益の公正で衡平

な配分」である。つまり、人間生活とはかかわりなく自然環境自体の価値に言及する一方で、人間生活にとっての目標が強調されている[2]。そうした認識が現れている用語が「保全」と「保護」の相違である。「保全」と「持続可能な利用」とはほぼ同義だが、「生態系の保全」が空間軸に注目しているのに対して、「持続的な利用」は時間軸が強調されている。同条約では「保全」という用語が60カ所に見られる。先進国企業による遺伝資源の一方的な利用に懸念したためか、多くの途上国はこの条約名に「保全」を入れることに反対したという[3]。これに対して、「保護」という用語は「保護地域」の例のように規制や管理されるという含意がある。「知的所有権の保護」の文脈で使われている箇所もあるが、同条約では「保護」が15カ所で使われている。つまり、生物多様性条約では「保護」よりも「保全」が強調されているのである。

「生物多様性の構成要素」については、個体群や種や生息地や生物群集などさまざまな要素が想定されるが、とりわけ「遺伝資源の利用から生ずる利益の公正で衡平な配分」が強調されており、この目的は「取得の適当な機会の提供」「技術の適当な移転」「適当な資金供与の方法」によって達成されると記載されている。アリストテレスは配分的正義と矯正的正義を区別したが、「公正」な利益配分には少なくともアクセスと技術移転と資金供与とのバランスが必要だと想定されており、「公正」な配分がなされない場合には矯正的措置が期待される。「衡平な配分」概念の背景には、衡平法的伝統から判例を積み重ねる法の支配の傾向を読みとれるが、大陸の法治国家の伝統から普遍的な結果平等を強調する立場からは「公平」と訳される場合もある。最低限の条約を志向するか普遍的な制度化を目指すかの立場があるにせよ、このような概念によるルール化は、地球上の「優占種」となった人類が過開発を省察して自らの分限を再構築する契機にもなりうる。

言葉やアイデアや科学的知見が相互主観的に国際社会を変えていく主要因であると説明する立場はコンストラクティヴィズムである。言語や言説といった認識論的な「構成主義」と、制度といった存在論あるいは制度化をめぐる運動論的な「構築主義」と区別して訳出される場合もある[4]。生物多様性という生物学的概念を実定国際法に取り入れ、それに関わる国際レジームが形成され

始めたという点において、生物多様性ガバナンスはコンストラクティヴィズムの好個の事例と言えよう。しかし、生物多様性という理念が広く一般市民にまで浸透しているとは言えない。より分かりやすい言葉で浸透させるため、名古屋での会議を日本政府は「国連地球生きもの会議」と換言したし、NGOは「ものすごく重要な国際会議」と呼んでキャンペーンをした。2010年目標が達成されず、遺伝資源をめぐる国際制度化が難航し、生物多様性条約やカルタヘナ議定書をアメリカが批准していない状況など、構築主義の限界を示す事例も多い。

3. 誰がいつ問題にしたのか

　生命の本質は「動的平衡」（福岡 2009）であるとも言われるが、種内の遺伝的変異だけでなく個体群、生物群、生態系のレベルなどで揺らぎや均衡が見られる。生命が誕生してから大量の生物種が絶滅した時期を入れると現在は6回目の大量絶滅期とも言われる（Leakey and Lewin 1995）。これまでと異なるのは、人間の活動が原因となっていることと、絶滅のスピードの速さであることが科学者によって指摘されている。生物多様性概念が条約交渉に持ち込まれたのは、こうした傾向に危機感を抱いた国際NGOや科学者の役割が大きい。
　生物多様性条約への道を開拓した国際自然保護連合（IUCN）は、1948年に創設された国際NGOである。NGOといっても政府機関、非政府機関、科学者などが構成するマルチステークホルダー型の国際環境団体である。1980年代半ば以降には保全生物学が確立したとされるが、それまで使われていた「生物相の多様性」や「生物学的多様性」に加えて、より分かりやすい「生物多様性」という用語が初めて使われたのは1986年に全米科学アカデミーとスミソニアン協会が後援してワシントンDCで開催された生物多様性フォーラムであった[5]。しかし、1988年に設立された気候変動に関する政府間パネル（IPCC）に相当する「生物多様性と生態系サービスに関する政府間パネル」設置についての協議が始まったのは2008年になってからのことである。生物学

的多様性という概念から「学（logical）」の部分が落ちたことが科学的知見に基づく国際的な認識共同体形成の遅れにつながったのだとしたら残念なことである。

　IUCNの働きかけを受けて、国連環境計画（UNEP）は1987〜88年にかけて条約策定作業の検討を開始した。政府間交渉は1991年から実施されたが、生物多様性条約の位置づけや目的などをめぐって先進国と途上国の対立が続いた。同条約は、1992年のリオデジャネイロでの国連環境開発会議（地球サミット）直前に採択され、地球サミットで署名開放、93年に発効となった。この枠組条約成立には国連や国際機関が重要な役割を果たす一方で、そこには環境と開発をめぐる先進国と途上国の対立構造が深く影を落としている。

　表1-1に示したように、地球環境条約は1972年にストックホルムで開催された国連人間環境会議から10年ごとの国連会議を画期として進展してきた[6]。IUCNやストックホルム会議の結果として設立されたUNEPは、ラムサール条約、世界遺産条約、ワシントン条約、ボン条約など絶滅危惧種や特定の生態系保全に関する条約の策定や実施に大きな影響を及ぼした。水環境では、国際海事機関（IMO）が海洋汚染防止（MARPOL）条約を採択した。もともと捕鯨国を中心とする国際捕鯨条約もストックホルム会議を契機として、捕鯨による乱獲を管理する方向へと転換していく。多くの地球環境条約に加盟していない米国も初期のこうした条約には加盟している。海洋汚染や酸性雨による越境汚染に関する取り組みも条約として結実した。長距離越境大気汚染（LRTAP）条約に見られるように、「人間」と「環境」の関係に注目したスカンジナビア諸国やカナダがアメリカやイギリスなどの先進工業大国からの越境汚染に対処するための多国間外交が結実した。

　ストックホルム会議には途上国がほとんど参加していなかったが、本部がナイロビに設置されたUNEPは途上国に本部を持つ最初の国連機関となった。1982年にはナイロビでUNEP管理理事会特別会合が開催され、国連総会では世界自然憲章が採択された。しかし、途上国の関心は環境よりも開発にあった。ほとんど未調査の生物種が多く存在する海洋については国連海洋法条約が長期のマラソン交渉となったが、ここでも深海底資源開発を先進国と途上国で

表 1-1　多国間環境協定のなかの生物多様性

大気環境	陸環境	水環境
		国際捕鯨条約（46）
	ラムサール条約（71）	
1972　ストックホルム会議		
	世界遺産条約（72）	
	ワシントン条約（73）	MARPOL条約（73）
LRTAP条約（79）	ボン条約（79）	
1982　ナイロビ会議		
ウィーン条約（85）		国連海洋法条約（82）
モントリオール議定書（87）		
	バーゼル条約（89）	
1992　リオ会議		
気候変動枠組条約（92）	生物多様性条約（92）	
	砂漠化対処条約（94）	
京都議定書（97）	ロッテルダム条約（98）	国際水路条約（97）
	カルタヘナ議定書（00）	
	ストックホルム条約（01）	
2002　ヨハネスブルグ会議		
	名古屋・クアラルンプール補足議定書（10） 名古屋議定書（10）	
2012　リオ＋20会議		

どう配分するかが主要争点の1つであった。生物から有害紫外線を遮っていたオゾン層の破壊を食い止めるためのウィーン条約とモントリオール議定書の交渉は「短距離走」とも呼ばれたように比較的短期に成立した。規制対象となったフロンガスを当時の途上国がまだ多く使用していなかったことや途上国が代替フロンを使用する際の資金メカニズムが成立したことなどが促進要因と考えられる。有害廃棄物の越境移動を規制したバーゼル条約も、急速に工業化を進める途上国が賛成にまわったこともあって成立した。しかし、条件付きで途上国への有害廃棄物移動を認めることに反発したアフリカ諸国は、独自のバマコ条約の締結へと動いた。

こうした環境と開発をめぐる先進国と途上国の対立を止揚すべく設置されたのがブルントラント委員会で、同委員会報告書を受けて開催されたのが92年の国連環境開発会議であった。ここで気候変動枠組条約とともに生物多様性条約が署名開放されたが、森林条約の採択は見送られた。砂漠化対処条約の成立も遅れた。森林条約の未成立と砂漠化対処条約の遅れは、生物多様性にも少なからぬ影響を与えている。地球サミットの結果、設置された国連持続可能な開発委員会での統合的な協議は必ずしも成果に結びついていない。遺伝資源へのアクセスが制約されることを懸念したアメリカは、生物多様性条約に加盟していない。国際水路条約は発効すらしていない。淡水については世界水フォーラムというステークホルダー型協議フォーラムが開催されている。

「人間環境」（ストックホルム会議）から「環境」（ナイロビ会議）へ、そして「環境と開発」（リオ会議）へと国連会議は焦点を移し、2002年の「持続可能な開発に関する世界サミット（ヨハネスブルグ会議）」で持続可能な開発の3本柱として「経済的側面」、「社会的側面」、「環境的側面」が再確認された（太田・毛利 2003）。

先進国の多国籍企業や産業界はバイオテクノロジーの進展は、科学技術の進展にともなうだけでなく、1980年代半ばにアメリカ政府が遺伝資源の特許を認めるようになったことが大きい。当初はアメリカだけだったが、バイオテクノロジーの技術を持つ多国籍企業が国外に進出し、先住民族が使っていた例えばニームのような伝統資源に特許権を付与してしまうと共有されていた資源が使えなくなってしまう。同様に特許権がつけられた遺伝子組換え作物も在来種と交雑すると民間財になってしまう可能性があり、大きな問題となった。80年代のこうした動きに対して国連が生物多様性条約の締結という形で対応したとも解釈できる。

さらに90年代以降になると、先進国政府も途上国政府も、中央政府も地方政府も急速にグローバル化する産業への対応を迫られた。食品や農産物がグローバル貿易によって世界中に行き渡り、相互依存がさらに深まった。有害な化学物質や駆除剤がむやみに途上国に輸出されないように事前通報・同意手続（PIC）を設けたロッテルダム条約や生物蓄積性が高い残留性有機汚染物質

(POPs）を規則するストックホルム条約も成立した。金融危機や食料危機や気候変動などの影響も受ける生物多様性保全は、グローバルな課題であると同時にナショナルやローカルな生態系を考慮した対応が必要になっている。地域開発と保護地域の設定については、権限委譲の調整も必要である。こうした多様な主体による多次元での対立が生物多様性保全の難しさに拍車をかけている。

4. どこが問題なのか

　生物多様性ガバナンスをめぐる議論の焦点はどこにあるのか。交渉論点は多岐にわたるが、種レベルでは絶滅危惧種に関する「レッドリスト」、生態系レベルでは脆弱な「ホットスポット」、遺伝子レベルではカルタヘナ議定書に見られる「バイオセーフティ」と名古屋議定書に見られる遺伝資源への「アクセスと利益配分（ABS）」の4領域に注目したい。
　種間の多様性については、絶滅種や絶滅危惧種に関するリストやデータを1960年代半ば以降にIUCNや政府機関等がレッドリストやレッドデータブックとして公表してきた。学術的なデータに基づいた評価であるが、沖縄のジュゴンにしても、北大西洋クロマグロや佐渡のトキにしても、軍事基地・安全保障問題や農水産物貿易問題と直結しているので、種の絶滅がどの程度他の国際政治経済論争の論拠になりうるかは重要な論点である。
　種の絶滅の原因については、乱獲や開発など人為的な自然破壊、耕作放棄によって里山や里地が失われるなど人為的行為の放棄、天敵のいない侵略的外来種の人為的持ち込み、気候変動にともなう地球環境問題などが挙げられている。歴史的に見ると、前述したように、現在の大量絶滅の原因にはすべて人間の活動が関わっている。人間の活動が人間以外の生物種に絶滅の危機を及ぼすだけでなく、人間の生活自体にも脅威を及ぼす懸念が政策論議に反映されなければならない。
　なぜ、どこまで生物種が絶滅すると危険なのかについては合意された科学的根拠も政策も見当たらない。人間の存在に脅威を及ぼす病原菌などの種もある

が、一般的には人間以外のあらゆる種の存在自体に価値を置く立場もある。人間中心主義的な立場からも人間が生活する生態系にとってどの種がどの程度影響するかによって、リベット仮説や重複仮説が議論されている。飛行中の航空機の翼のリベットのように、個体数は少数であっても失われると生態系全体に影響を与える重要な機能をもつ種はキーンストーン種と呼ばれる。オオカミなどがキーンストーン種とされているが、その保護のためには食物連鎖全体を見渡す必要がある。一方、複数の種が重複した機能を担っていることで生態系の回復力が保持されているとすると、1つの種が絶滅しても生態系全体に大きな影響はないかもしれない。しかし、複雑な共生関係のなかでどの種を守ればよいかは必ずしも明確ではない。ツキノワグマのように広い範囲にわたって動いて生態系を保持しているアンブレラ種を保護することによって、その傘下にいる他の生物種や生態系を保護する戦略もある。政策資源が限られているなかですべての種を同等に扱うことができないときに、優先度選定に使われる概念がキーストーン種やアンブレラ種という概念である。いずれにしても地球上の生物種や生態系に大きな影響を与え、地球社会の行方を決定していく「優占種」はおそらく人間なので、人類の責任は重い。

　生態系については、地球上には山、森林、川、海などさまざまな生態系があるが、いくつかの重要な生態系が失われている。多様な固有種が生息する重要地域は、科学的知見に基づいてコンサベーション・インターナショナルが「ホットスポット」として特定している[7]。レッドリストに掲載された絶滅危惧種が集中する地域であり、原生の自然の多くが失われた地域である。コンサベーション・インターナショナルのホットスポット地図によると日本列島やフィリピン諸島がすっぽりと覆われている。日本の環境省版レッドデータブックでは、動植物とも地域固有種が多い南西諸島や手入れがなくなった里地里山などに集中している。こうしたホットスポットでは生態系の不健全化が突然の破局につながりかねない。

　ホットスポットの生態系を優先的に守っていかなければならないが、ここでも「保護」と「保全」の含意の差異がある。環境保護あるいは保護区域というと、なるべく手を付けずに保護していく立場で、初期の環境NGOは環境保

護を目指していた。これに対して、コンサベーション・インターナショナルのように第2世代の環境NGOも主張する保全は、自然資源を持続的に利用しようとする立場である。手つかずの自然を保護するディープエコロジストと持続的利用を目指すコンサベーショニストの違いはあるが、保全する際にも「保護地域」は必要となる。生物多様性条約には保全という言葉が多用されているが、保護地域という言葉も数回使われている。

　また、英語と日本語の翻訳による混乱も生じているが、生態系を保全あるいは保護するときに、生態系破壊の原因が分かっているときにあらかじめその原因を取り除くのが「未然防除」と呼ばれるのに対して、科学的根拠がなくても、転ばぬ先の杖として保護、保全しようというのが「予防」原則である。生態系の不可逆的な破局リスクを考慮すると、科学的根拠がなくても対応することが期待されるが、科学的根拠のない政策をとることの合意形成が国内でも国際交渉でも難しい。

　遺伝子をめぐる多様性については、主にバイオセーフティの問題と、アクセスと利益配分の問題がある。それぞれカルタヘナ議定書と名古屋議定書の国際交渉アジェンダとなっている。詳しい論点の分析は他の章に譲るが、なぜこれらが問題になるのかについて、遺伝子レベルの問題を例に以下の節で論じたい。

5. なぜ問題なのか

　生物多様性ガバナンスをめぐる問題の本質的な対立構造は、種も生態系も遺伝子もすべてのレベルに当てはまるが、端的に言えば、持続可能な開発の3本柱がうまく統合できていないことに起因すると言っても過言ではない。図1-1に示したように、ヨハネスブルグ会議までに国際的に広く認識された持続可能な開発の3本柱である経済的側面、社会的側面、環境的側面に遺伝子レベルの問題を当てはめてみると、バイオセーフティ概念は、生物（バイオロジカル）という環境的側面と、人間の消費者にとっての安全性（セーフティ）という社会的側面が結合した概念であることが分かる。この理念がカルタヘナ議定書と

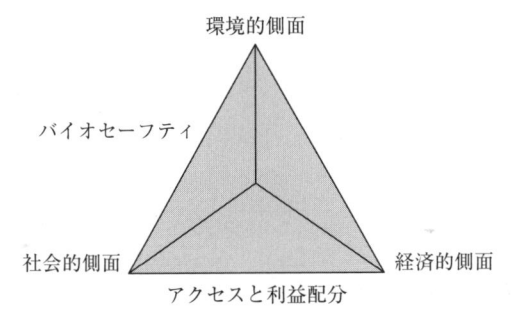

図1-1 遺伝子レベルの生物多様性と持続可能な開発の3本柱

して制度化されるわけだが、バイオ産業を中心とした経済的側面から見ると、それが経済的利益を追求する自由貿易制度と対立する可能性が生まれる。

　また、名古屋議定書として制度化されることになる遺伝資源のアクセスと利益配分（ABS）について遺伝資源の利用者、遺伝資源の提供者、生物多様性の保全の3点を考慮すべきとされるのは、それぞれ経済的、社会的、環境的側面に対応する[8]。遺伝資源利用者にとっての利益率が小さい一次加工品に比べて、利益率の大きい新薬や化粧品は研究開発コストがかかるため遺伝資源の利益への貢献度は小さいとされる[9]。このため、金銭の配分についてリアルオプション分析も行われている。しかし、資源提供国が貧困国である場合、利益配分への社会的側面からの期待との差異が生じることがある。金銭的利益配分と非金銭的利益配分の差異にも注意する必要がある。資源提供国が経済的側面から期待する利益配分を回避するために非金銭的利益配分が使われると認識されかねないからである。いずれにしても先進国の経済的側面から見たバイオ関連企業にとっての遺伝資源へのアクセスと途上国の社会的側面から見た利益配分との関係が争点となっている。そこでは遺伝資源の経済的側面と社会的側面をどう均衡させるかが関心となっており、アクセスや利益配分が遺伝資源自体の持続性にどのように貢献するかという視点が欠落すると3本柱がうまく統合されない。

　さらに、国際環境交渉では必ずしも明示的に認識されていないが、政治的側面あるいは平和的側面とでも呼べるもう1つ側面がある。生物多様性ガバナン

スがうまく機能しないと、自然環境や経済社会環境を持続的に維持できずに紛争をもたらし、その紛争がさらなる環境破壊を引き起こしかねない。

6. どのように対処してきたのか

それでは、どのように持続性の側面を統合すればよいのか。これまで少なくともいくつかの対応が試みられてきた。なぜ自然環境が破壊されるのかについては、ハーディンの「共有地の悲劇」(Hardin 1968) の説明がある。共有地における「自由」がもたらす悲劇である。産業革命が起こり、技術革新や食糧増産で人口増加した。人口増に対応して放牧される家畜数も増加し、牧草が枯渇する。これが環境破壊のメカニズムである。つまり、自由でオープンなアクセスが可能（排除不可能）な共有地での競合的な過放牧がその牧草地の環境収容能力を超える事態である。農業革命や産業革命以前の「共有地」は、「無主地」と捉えられた。誰の土地でもなかったからこそ、誰でもが使えたからである。先住民族の概念によれば、それは「母なる大地」であった。「共有地の悲劇」が生じなかったのは、環境容量以内の人口規模であり、神聖視された慣習上の掟が自制を促していたからであろう。しかし、宗教改革、市民革命、農業革命、産業革命、科学技術革命を経た人類社会は、自らの活動による自然環境破壊に直面している。

「共有地の悲劇」を克服するためにイギリスでとられた戦略が「囲い込み」である。悲劇は共有地から生じるのだから、共有地に境界線を設定して「私有

表1-2 生物多様性における「共有地の悲劇」とその対応

	生態系	種	遺伝資源	
共有地の悲劇	ホットスポット	レッドリスト	バイオハザード	バイオパイラシー
私有地・市場	生態系サービス 生態系オフセット	ホワイトリスト キーストーン種	金銭的救済	知的財産権 ジーンバンク
国有地・規制	保護地域	ブラックリスト	規制	主権的権利
新しい共有地・ガバナンス	生態系アプローチ DPSIR	生態系ネットワーク 予防的順応的管理	責任と回復	ABSガバナンス

地」にすれば、合理的な農家は自らの所有地において自己利益に反する過放牧はしないと期待された。競合性をもつ民間財にして、他の利用者を排除する戦略である。私有地から同様の利益やサービスを受けるには衡平な対価を求める市場メカニズムが使われる。個人の自由がベースとなるので、格差が生じる場合は衡平な救済が試みられる。しかし、私有地化された土地や自然でも環境破壊は生じる。これが市場の失敗である。

　共有地の悲劇や市場の失敗に対してとられた別の方法が「国有地」化である。あるいは、政府による規制強化である。かつてのソ連など社会主義国が典型的に採用した対応で、コルホーズやソホーズといった集団化や国有化である。欧米の福祉国家でも政府規制の強化によって環境破壊に対応してきた。

　地球環境をめぐる国際交渉においては、各国主権の対応に任せる政治的リベラリズム、あるいは民間主体の自主性に任せる経済的リベラリズムの対応がある。また、多国間合意に基づいた国家・国際機関による共同規制を強化する対応もある。単独あるいは多国間対応で効果がない場合には、少数国間の枠組みで対応することもある。供給される土地や自然の利用者が排除不可能で非競合的な場合は純粋な公共財であるが、利用者が排除されるクラブ財となる場合がある[10]。クラブ財の排除可能性は民主主義の観点から問題となることが多いので、非国家主体を含む異なるステークホルダーによる新たな「共有財」として地球環境ガバナンスの再構築を目指す状況が生まれている。「新しい公共」論争にも底通するものがあるが、国家や国際機関といった公共部門と市場社会や市民社会などの民間部門との官民パートナーシップによって新たな共有地化の対応が模索されていると考えられる。

　これらの対応を具体的に生物多様性の文脈で考えると、生態系レベルの「共有地の悲劇」は、重要な生態系が破壊されている「ホットスポット」に象徴される状況である。これに対して、「私有地」化あるいは市場メカニズムを使う政策的対応として、特定地域の生態系に与えた損失を代替地域で補填する「生物多様性オフセット」概念がある。生態系自体に価値を置く立場からは自然価値を市場価値で補填・取引することに対する批判がある。一方、生態系自体ではなく生態系が人間生活に与えるサービス機能に注目することによってその経

済的価値を認識する試みとして『ミレニアム生態系評価』[11]で導入された「生態系サービス」概念がある。無主物として認識されにくかった価値を可視化することで、市場だけでなく政府規制の目標にも、市民社会を含むステークホルダーコミュニケーションにも役立ちうる。しかし、二酸化炭素換算が可能な温室効果ガスと異なり、生態系の複雑な側面を統一基準で評価することは難しい。生きている地球指標（LPI）、エコロジカルフットプリントなどさまざまな指標が提案されているが、愛知目標をめぐる国際交渉のなかでも目標設定や指標設定をめぐる国際的合意形成の難しさが見られた。「自然資本」や「生態系サービス」といった生態系の経済的価値を評価する「生態系と生物多様性の経済学（TEEB）」の試みも、報告書は、国家レベルや地方レベルの政策決定者向け、ビジネス向け、市民社会向けといったマルチステークホルダー向けの対応を探っている[12]。

　生態系を国有地あるいは政府規制をかけて国立公園や保護地域を設定する対応もとってきた。新しい共有地としては、生態系アプローチやDPSIRアプローチは、空間的にも時間的にも多様な主体が関与するガバナンスを想定している。ヨーロッパで使われているDPSIRアプローチは、原因（Driving forces）があって、それが生態系への負荷（Pressures）をかけ、悪い状態（States）を招き、それが悪い影響（Impacts）を与えるので、それぞれの段階に政策的対応（Responses）をするということである。地球温暖化や乱開発などの原因にも対応すべきダイナミックな枠組みが議論されている。2010年目標が達成できなかったのは、原因や悪影響に対する十分な政策的対応がなされなかったからとの反省にたって愛知目標策定にこのフレームワークが採用された。環境的側面だけでなく、経済的側面や社会的側面も統合された政策対応が求められている。

　種の多様性についての「共有地の悲劇」は、レッドリストに絶滅種や絶滅危惧種を掲載しなければならない状況である。例えば、生態系維持に重要なキーンストーン種については保護するが他の種については介入しない対応をとるとすれば、キーンストーン種に認定されていない生物種が実際にキーンストーン種だった場合には破局的結末を招きかねない。逆に生態系や在来種に悪影響を

及ぼす外来種については、問題を引き起こしている外来種を規制するブラックリスト方式による規制では、リストに記載されていない侵略的外来種が存在するときに問題である。生物多様性における予防原則の立場からすると、安全が確認された持ち込み可能な外来種を記載するホワイトリスト方式にして、それ以外の外来種にはすべて移入規制をかければ、未確認の侵略的外来種の移入を防ぐのには効果的だろう[13]。しかし、リストアップ方式ではなく、ネットワーク方式の対応をとることが新しい共有地のガバナンス形態であろう。例えば、アンブレラ種の保護は広域移動に配慮した空間的ネットワークの枠組みを重視した対応である。種を守るために生息地を守る視点を取り入れたとも言える。また、予防的アプローチをとりつつも、科学的知見が得られるなどして当初の前提が間違っていたと判明する場合もありうる。あるいは科学的知見があったとしても想定外のリスクが生まれることもありうる。そうしたリスクに順応的に対処する予防的順応的管理は時間的なネットワークを考慮したガバナンスであると言えよう（松田 2008）。外来種による在来種の捕食が種の多様性減少や遺伝子汚染となるリスクもあれば、外来亜種との交雑は遺伝子の多様性にもつながるという見方もある。

　有害性や危険性をともなう遺伝子汚染やバイオハザードといった概念が、遺伝子レベルにおける「共有地の悲劇」と言えようか。遺伝子レベルでの人為的な行為が人体や生態系に対して損害を与える場合、金銭的に救済や賠償をしようとする市場の対応がある。その一方で、政府規制を強めることによって法的責任を確立する対応がある。バイオセーフティを確立するためのガバナンスの一環として、名古屋・クアラルンプール議定書はこれまでの国際交渉で積み残されていた責任と救済（回復）について扱っている。責任（ライアビリティ）には、金銭的救済と法的責任とが含意されている。人為的な遺伝子操作で人体や生態系に悪影響を与えたら、本来健康や生態系を回復（リドレス）しなければならない。資金で解決するのではなく、人間の健康や自然そのものを回復すべきだという考え方である。

　遺伝資源についての「共有地の悲劇」は、バイオパイラシーと呼ばれる状態であると考えられる（シバ 2002）。生物多様性条約では、遺伝資源が存在

する原産国が主権的権利を持っている。地球規模の視点から見ると、世界政府がない状態での主権国家による「囲い込み」であるとも解釈できるが、先住民族が伝統的に共有してきた遺伝資源が先進国の多国籍企業等によって囲い込まれてしまうと認識されている。遺伝子銀行（ジーンバンク）のように、遺伝子資源を収集して保存・配分する制度も市場的対応の一形態と見られる。遺伝資源の知的財産権としての設定は、国内レベルで主権による規制が行われうる点と国際レベルでも主権的権利とされている点からさまざまな課題と可能性がある。知的財産権のある民間財として遺伝資源を保護することは、先住民族や地域住民が伝統的に共有してきた遺伝資源を海賊的行為によって侵害された際に国家が利益を再配分できる可能性があるからである。名古屋議定書交渉で焦点となったアクセスと利益配分の国際レジームの確立は、誰のものでもなかった遺伝資源が、民間財あるいは公共財として位置づけが試みられてきた経緯を踏まえた上で、有力多国籍企業を抱える先進国が求めるアクセス権を確保しながら、先住民族や貧困層を抱える途上国が主張する主権的権利に合うような利益配分のバランスを探った新たな共有財化のプロセスであると理解できよう。

7. ま と め

　生物学と国際関係学は、生態系やグローバル社会の構成要素に単純に還元できない関係性を扱うことが共通する。しかし、人間は動物の一種だが、他の動物と同じ側面とそうではない側面とがある。持続可能な開発の環境的側面は、他の動物と同様に地球環境の生態系のなかで生きていかなくてはならない環境的動物としての関係性を再認識する必要を自覚させてくれる。人間は単に優占種となっているだけでなく、キーストーン種あるいはアンブレラ種としての自覚を持たなければならないのかもしれない。

　また、社会的側面は人間が社会的動物であることの関係性を再認識させてくれる。とりわけ人間社会の貧困や人権の諸問題を解決しないと文化の多様性も生物の多様性も保全できない（Pisupati and Rubian 2008）。

さらに経済的側面は、環境的側面や社会的側面に悪影響を及ぼしてきた原因であるとともに、解決策の糸口にもなりうる。現在の大絶滅期の原因は、経済的側面において人間を「経済的動物（エコノミック・アニマル）」と認識してきたことに起因するのではないか。人類は、むしろ「倹約的動物（エコノミカル・アニマル）」に進化すべきだろう。より豊かになりたい途上国の人びとがプライドを捨てるのではなく、先進国の人びとが倹約的な暮らしをすることこそが豊かな生き方だという端正なプライドを持つことが重要である。

【注】
1) エルンスト・マイア『進化論と生物哲学』東京化学同人、1994年、297～342頁。
2) 交渉過程での前文草案修正経緯については、堂本暁子『生物多様性』岩波書店、1995年、99～104頁を参照。
3) 藤倉良「生物多様性条約とカルタヘナ議定書」西井正弘編『地球環境条約』有斐閣、2005年、114～140頁。
4) 千田有紀「構築主義の系譜学」上野千鶴子編『構築主義とは何か』勁草書房、2001年、1～41頁。
5) 瀬戸口昭久「保全生物学の成立」『生物学史研究』65, 1999年、13～23頁。
6) 毛利勝彦「環境と開発のガバナンスの歴史的潮流」太田宏・毛利勝彦編『持続可能な地球環境を未来へ』大学教育出版、2003年、10～32頁。
7) http://www.conservation.or.jp/Strategies/Hotspot.htm
8) 林希一郎『生物遺伝資源アクセスと利益配分に関する理論と実際』大学教育出版、2007年、144頁。
9) 森岡一『生物遺伝資源のゆくえ』三和書籍、2009年、103頁。
10) 経済学による共有財、公共財、民間財、クラブ財といった分類には必ずしも合致しない対応もある。例えば、北欧では私有地であっても条件づきで非排除性をもつ環境享受権がある。石渡利康『北欧の自然環境享受権』高文堂出版社、1995年を参照。
11) 国連の提唱によって2001年から実施された。Millennium Ecosystem Assessment (2005)を参照。邦語訳は、横浜国立大学21世紀COE 翻訳委員会『生態系サービスと人類の将来―国連ミレニアムエコシステム評価』オーム社、2007年。
12) http://www.teebweb.org/
13) 例えば、世界自然保護基金（WWF）は、現行の特定外来生物法（2005年施行）によるブラックリスト方式では予防原則が徹底できないとして、海外からの生物の持ち込みを原則禁止としたうえで、安全が確認されたもののみ輸入許可を与えるホワイト方式の採用を求め

ている。http://www.wwf.or.jp/activities/wildlife/cat1016/cat1100/（2009 年 9 月 14 日）

参考文献

Hardin, Garrett. "Tragedy of Commons." *Science*, 162（1968）: 1243-1248.

Leakey, Richard, and Roger Lewin. *The Sixth Extinction: Patterns of Life and the Future of Mankind.* New York: Doubleday, 1995.

Millennium Ecosystem Assessment. *Ecosystems and Human Well-being: Synthesis Report.* Washington, DC: Island Press, 2005.

Pisupati, Balakrishna, and Renata Rubian. *MDG on Reducing Biodiversity Loss and the CBD's 2010 Target.* Tokyo: United Nations University, 2008.

太田宏・毛利勝彦編『持続可能な地球環境を未来へ―リオからヨハネスブルグまで』大学教育出版、2003 年。

シバ、ヴァンダナ『バイオパイラシー』緑風出版、2002 年。

福岡伸一『動的平衡』木楽舎、2009 年。

松田裕之『生態リスク学入門―予防的順応的管理』共立出版、2008 年。

2 生物多様性における科学と政治
──サメ類の資源管理を事例に──

石井　敦

1. 生物多様性の出自

　人間は自然とどのように向き合えばよいのだろうか。この問いに対して、科学的で客観的な答えなどありはしないが、だからといって感情に身を任せればよいというものでももちろんない。どうにかわれわれが共有できる価値観のもとに、総意を得ながら折り合いをつけていく以外には道はない。

　その折り合いをつけるとき、自然をどう捉えるかで、それがある程度決まってきてしまう。だからこそ、その重要な問いには多くの答えが提示されてきた。本書の主題である生物多様性の概念は、生態学者が1980年代から提唱してきた自然の捉え方が国際条約に結実したものであるといえよう。それは、提唱前に支配的であった自然の捉え方の欠点を克服しようとしたすえに考えだされたものであった（Takacs 1996）。

　生物多様性と並んで、代表的な自然の捉え方は、原生自然と自然を資源として捉える考え方である。原生自然の考え方では、手つかずの自然は厳重に保護するべきであるとする。しかし、手つかずの自然なんて本当にあるのかと問えば、心もとないと同時に、原生自然をうまく利用して暮らしている人びとに対して押しつけがましくなってしまう。また、自然を資源として考えるだけだと、絶滅さえしなければ、いくらでも資源として消費してもよいということになってしまい、人間と自然との多様な関わりが軽視されかねない。そこで、生

物多様性という概念によって、多様な生物、多様な生息地、多様な価値観、多様な人間と生物の関わりに目配せをしながら保全しなければならないのだ、とする考え方が編み出されてきたのである。

　しかし、日本では生物を資源として捉える考え方が支配的であり、生物多様性の概念は市民権が得られていない。名古屋で開催された生物多様性条約締約国会議も、通称、国連地球生き物会議という名前にとって代わられてしまった。これでは、生物多様性概念の重要な柱の1つである生息地の保全が削ぎ落されてしまう。こうした誤った改称を避けるべく、生物多様性の考え方を日本で広めようとすると、どうしても越えなければならない壁がある。それは生物多様性の考え方が実は、捕鯨問題でみられるような保護主義を推進するための道具なのではないかという誤解である。ワシントン条約でマグロが禁輸対象として議論されたときに、「クジラの次はマグロか」と言われたように、特に海洋生物の話になってくるとそうした誤解は増幅され、それを解くことは非常に困難になってくる。

　本章は、海洋生物の中でもサメ類に焦点を当ててみたい。サメ類を俎上にのせるのは、それがフカヒレやコンドロイチンなどで日本人に馴染みがあると同時に、地域漁業資源管理機関（Regional Fisheries Management Organizations：RMFOs）と国際環境条約がどのように協力しあいながら、漁業資源管理を推進していけばよいのかということを考える上で、非常に重要な事例となっているからである。いうなれば、サメ類を資源と捉える漁業資源管理機関と生物多様性を保全する国際環境条約との間の折り合いをどうつけるのかを探り出さなければならない状況にわれわれもサメも置かれているのである。

2．サメとは

　サメ類は4億年以上も前から生息していると言われ、現在では約470種のサメが確認されている。サメは深海を含むほとんどすべての海域に生息しており（なかには淡水中を泳ぐことができる種（オオメジロザメ等）もある）、国

連海洋法条約のもとで高度回遊性魚種（海産哺乳動物も含む）に指定されている。したがって、サメは国際的管理の対象として認識されている。体長は、もっとも大きいもので、ウバザメやジンベイザメが10メートルから20メートルに達する。サメ類は基本的に食物連鎖の頂点に立ち、魚介類や海産哺乳類を捕食する種もあれば、ウバザメやジンベイザメなどのようにプランクトンを濾し取って食べる種もある。生態系の中でサメは魚類に分類されているが、総じて産卵数が他の魚類に比べて非常に少なく、いったん絶滅危惧種になると、回復させることが非常に困難となってしまう。したがって、サメを管理する場合、科学的不確実性が大きい場合でも、捕獲を始めた水準よりも個体数が激減する前に漁業管理を機能させるべく、予防原則をどのように運用するかが非常に重要になってくる。

　実際に、サメに関する科学的知見の不確実性は非常に大きい。国際自然保護連合が生物種の絶滅する危険性を評価した2010年版レッドリスト（IUCN 2010）によれば、評価対象となったサメ類468種のうち、個体数が危機的状況にあるのが74種（16％）、データ不足が理由で評価できない種が210種（45％）にのぼっている。そのデータが不足している種は、混獲（対象種は例えば、ハビレ；Camhi et al. 2009）や、ヒラシュモクザメ、アカシュモクザメの場合のように高額で取引されるヒレを狙う違法漁業（いわゆる、違法・無報告・無規制漁業（illegal, unreported, unregulated fishing：Lack and Sant 2008）に曝されている種もある。これらのデータをみると、フカヒレなどの需要が激増し、サメ類の市場価値が高まると同時に、その漁獲が増え、個体数が激減していったにもかかわらず、十分な管理が行き届いていない実態が浮かび上がってくる。映画『ジョーズ』や人がサメに襲われたニュースなどを見ると、サメに対して怖いイメージを持ってしまいがちであるが、人を襲うサメはわずか数種類にすぎない。実は、われわれヒトこそがサメにとって最大の脅威なのである。

3. 分析視角

　RFMOsと国際環境条約間の相互連関に関する分析は、現在、国際政治学の分野で急拡大しつつある制度間相互連関の研究として行われている。制度間相互連関に関する概念枠組みで高い評価を得ているのが、オーバーチュアとゲーリングによる枠組みである。同枠組みでは、分析単位として、相互連関を発現させる国際制度（連関源）と、その相互連関の影響を受ける国際制度（被影響制度）との間を一方向の因果経路がつないでいる理念型を定めている。オーバーチュアとゲーリングが提唱しているのは、複雑な相互連関をこの分析単位を用いて分解し、それらを後で再構成するという研究戦略を採ることである。この枠組みでは必ず、連関源となる制度が意思決定を行わなければ、相互連関は発現しないという前提に立っている。しかし、本章のケースのように、相互連関を発現させるためには必ずしも意思決定を必要としないのが実態である。そして、むしろ期待された意思決定がなされなかったがために発現した相互連関のほうが、政治的に重要な意味を持つことも多い。本章では、ワシントン条約でなされているサメ類の一連の附属書掲載提案がなされている要因が、RFMOsによるサメ類の管理の欠如、つまり、ノンレジームであり、そのノンレジームがサメ類の個体数激減の要因となっていることの科学的知見の裏付けが科学者集団によって提示されているからである、という可能性が非常に高いことを明らかにしたい。

　この科学者集団とは、学術研究を行う通常の科学者ではない。政策や外交に助言するための科学は、通常の学術研究とは異なるモード（科学観や科学的方法論を含めた包括的な科学の作法）が規範となっているため（Jasanoff 1990）、通常の科学者は国際交渉において、影響力を行使することは非常に難しい。そこで、提案されているのが、以下の4つの要素を共有している科学者からなる認識共同体である。すなわち、①科学者が政策決定に関わる際の根拠となる規範、②取り組む問題の因果関係についての認識、③取り組む問題に関する科学的知見の妥当性の基準、④問題解決を図るための実施するべき政策、

である（Haas 1992）。この認識共同体に基づいた科学の国際政治における影響力に関する理論は、国際政治学の主要な理論の1つとなっている。

4. 国際的なサメの資源管理

本節では、サメ類の資源管理とは、資源量やその他の管理に必要な科学的情報の入手、そして、漁獲枠、漁法、漁具、漁期、漁業海域の規制、体長制限といった規制を法的拘束力を持つ形で実施することと定義する。以下では、サメの国際的管理がほぼノンレジームの状態にあることを確認していきたい。

（1） 黎明期から1990年代まで

サメ類の資源管理の必要性は1970年代から主張されていたものの（Hovden 1973）、サメの資源管理が国際的なアジェンダに上ってきたのは1990年代半ばからである。その発端は、国際漁業資源管理機関（Regional Fisheries Management Organizations：RFMOs）における議論ではなく、1994年にワシントン条約第9回締約国会議において、決議9.14が採択されたことであるとされている（Camhi et al. 2007）。サメの国際貿易の規制に関する議論を開始するべきだとするアメリカが提案した同決議はすべての締約国に関連情報を提供するよう呼びかけると同時に、FAOと他のRFMOsに対し、関連情報を収集、分析した上で、同条約締約国会議に提出することを求めている。

ワシントン条約での議論を受けて、1997年には、FAO漁業委員会において、サメの保全管理が議題に上った（FAO 1997）。さらに同年に開催されたワシントン条約第10回締約国会議でも、サメの管理に関して議論され、同条約の事務局と動物種に関する助言や勧告を締約国会議に提出する動物委員会に対し、FAOと協力してサメ管理のための行動計画を作成するよう要請する決定10.73と10.126が採択された。これらが1999年にFAOで採択された「サメの保護および管理に関する国際行動計画」（International Plan of Action-Sharks：IPOA）として結実する。しかし、同文書は管理の緊急性に注意を喚

起し、サメ類の管理とモニタリングのための原則を示した上で、それぞれの国が策定するべき管理計画（国際行動計画と対比して、便宜的に National Plan of Action-Sharks（NPOA-Sharks）と呼ばれる。以下、NPOA）の内容を定めてはいるものの、法的拘束力は一切ない。2008年の時点では、サメ漁獲総量の上位20カ国のうち、NPOAを策定したのは約13カ国だが（Lack and Sant（2011））、その内容は不十分なものが多い（AC18 Doc. 19.2）。FAOの全加盟国でみても、NPOAを策定したのは全体の20％以下にとどまっている。

（2）ボン条約

サメを保護する国際的な動きはさらに広がりをみせ、1999年には「移動性野生動物種の保全に関する条約」（ボン条約；Convention on Migratory Species：CMS）の第6回締約国会議で、フィリピンのイニシアティブによりジンベイザメが附属書Ⅱに掲載されることとなった。附属書Ⅱに掲載されると、その種は「現在好ましくない保護状態下にあって、国際間の協力が必要とされている」ことをCMS締約国が認定したことを意味している。2002年の第7回締約国会議では、ホオジロザメを附属書Ⅱだけでなく、附属書Ⅰにも掲載することが採択された。附属書Ⅰに掲載された場合、締約国は以下を行うことが義務付けられる。

・掲載された動物を厳格に保護する。
・掲載された動物の生息地を保護、回復させる。
・掲載された動物が移動するときの障害を軽減させる。
・掲載された動物にかかるその他の危険を管理する。

これらの規定が曖昧であることから分かるように、CMSは移動性野生動物種を直接規制するのではなく、基本的に、附属書に掲載された種の保護が促進するための国際協力を促す枠組み条約として認識されている。サメも例外ではなく、2005年にはウバザメが附属書ⅠとⅡに掲載されたものの、具体的な保護措置は今後の交渉にゆだねられた[1]。なお、2008年にはアオザメ、バケアオザメ、アブラツノザメ、ニシネズミザメが附属書Ⅱに掲載されることとなった。

（3）国際漁業資源管理機関（RFMOs）

　サメの資源管理を本格的に実施することができる可能性があるのはRFMOsを置いてほかにはないが、現時点まで、有効な管理措置のほとんどが実現していない。実施されている管理措置といえば、ヒレだけをはぎ取り、残りの死骸は海に投棄する、いわゆるフィニングの禁止とデータの収集強化、そして資源状態に関する科学アセスメントだけである。フィニングの禁止は基本的に、ヒレの切り離し禁止というもっとも推奨されている規制方法ではなく（例えば、Scientific Committee of the Indian Ocean Tuna Commission 2008）、全体重に占めるヒレの重量の比を5%に制限することによって規制している。別の言い方をすれば、100kgのサメからヒレを5kgまでならはぎ取ってもよいということになる。この5%という数字には科学的根拠はなく、IUCNは国際標準として当該比を2%とするよう勧告している。さらに、上記で挙げたデータ収集の強化や科学アセスメントについてもあまり進んでいないことは、ほぼすべてのRFMOsについて言えることである。サメの禁漁や漁獲枠を定めている場合もあるが、サメ類の資源管理がノンレジームであるという評価は何ら変わらないほど、無視できる程度にしか管理はなされていない（Lack and Sant 2011）。

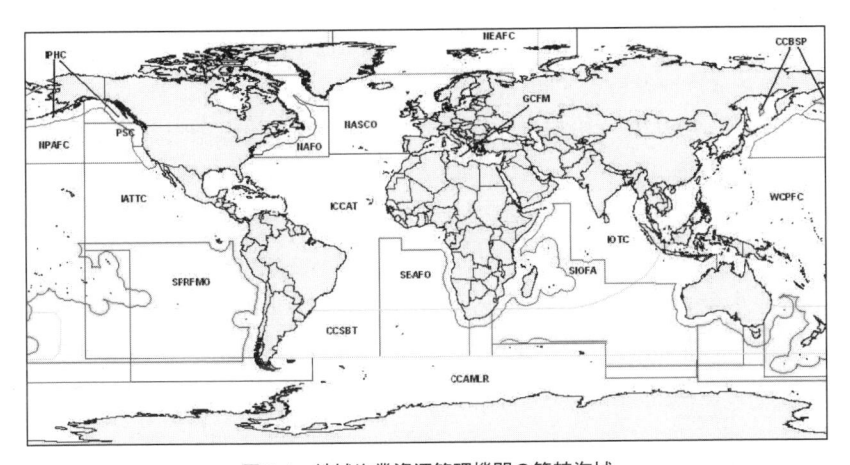

図2-1　地域漁業資源管理機関の管轄海域
（RFMOsの正式名称はFAOホームページを参照；図はCullis-Suzuki and Pauly 2009のFigure 1を著者らの許諾を得て転載）

5. 被影響制度としてのワシントン条約

　本章でケーススタディとして扱うサメをめぐる制度間相互連関において、ノンレジームによって影響を受ける制度（被影響制度）として扱うのはワシントン条約である。同条約の附属書Ⅰに掲載された生物種は基本的に全面禁輸となり、附属書Ⅱに掲載の場合は輸出規制の対象となる。附属書への掲載やその変更は、締約国の3分の2の賛成が必要となる。サメ類に関係するのは基本的に附属書Ⅱのみであるため、ここでは附属書Ⅱの規制内容について詳しくみていく（ワシントン条約の交渉議題として取り上げられたサメ類を表2-1に示す）。

　附属書Ⅱに掲載された種は許可書がなければ輸出できなくなる。その許可を出すには当該輸出が「種の存続等を害することにはならないという確認」（non-detriment findings：以下、NDF）を科学当局が行わなければならない、とされている。実は、NDFの定義は未だに定まっていないが、その判断基準についてのガイドラインがCOPの決議や専門家による国際ワークショップでの検討結果をとおして提供されるようになってきている。

　例えば、1992年のCOP8で採択された決議8.6は、NDFの判断基準として個体数、個体数の増減傾向、個体数分布、捕獲、貿易に関する情報などを考慮するよう勧告している。2000年のCOP11に提出されたチェックリストは、上記の情報に関する考慮事項を詳細化したことに加え、個体数管理（捕獲枠など）、捕獲の取締りやインセンティブ、個体群の保護措置に関しても考慮する必要があるとした。さらに、2007年のCOP14で採択された決議13.2では、生物多様性条約のCOP7（クアラルンプール、2004年）で採択された「生物多様性の持続可能な利用のためのアディスアベバ原則とガイドライン」をNDFの判断基準として活用することが勧告された。同原則のうち、本ケーススタディと直接に関係するのは原則8であり、同原則により多国間の意思決定や協調行動が必要な場合は、国際協力を行うべきであると規定されている。この原則をサメの場合に適用すれば、サメは複数の国の管轄領域にまたがって生息しているため、多国間に管理が必要不可欠であることは明白であり、そのた

めの国際協力を行うべき、ということになる。

　附属書Ⅱに掲載された場合、どのような効果が期待できるだろうか。一般的に言えることは、まず、現状では輸出入の対象となったサメ類の種名を区別することができないなど、不十分な輸出入統計を整備するインセンティブを関連諸国に付与することができるということである。そして、輸出許可を出すためには、NDFを認定しなければならなくなるため、上記で挙げたNDFの判断要素に関連するデータが拡充され、精度が高まることも予想される。基本的にサメ類は複数の国の管理海域にまたがって生息しているため、上記の個体数、その増減傾向などのデータは国際協力を行わなければ採取することはできない。したがって、アディスアベバの第8原則なども併せて考えると、附属書Ⅱへの掲載は、関連国による掲載種の管理のための国際協力を強化することにもなる可能性が指摘されている（例えば、アブラツノザメに関してはLack 2006）負の側面としては、NDFの判断や許可書の発給が今までの輸出管理業務に追加されるため、輸出にかかる時間や費用が増大する。

　附属書への掲載にあたっては、そのための判断基準が定められている。1994年のワシントン条約COP9では、それまでのベルン基準が改正され、開催地の名をとってフォートローダーデール基準（決議Conf 9.24）が採択された。附属書Ⅱへの掲載基準については、以下の2つのどちらかを満たす場合、と規定されている。

　A. 近い将来に附属書Ⅰへの掲載が適格となる事態を回避するために、その種の取引の規制が必要であることが判明しているか、または推論あるいは予測できる。または
　B. 野生からの標本の捕獲採取が、その継続またはその他の影響によって、種の存続が脅かされる水準にまで野生個体群を縮小させないよう保証するために、その種の取引の規制が必要であることが判明しているか、または推論あるいは予測できる[2]。

　文中にある「附属書Ⅰへの掲載が適格となる」場合の判断基準として重要なのが生物学的基準である。フォートローダーデール基準では特に水生生物に関する規定はなかったが、その後、2004年のCOP13で同基準が改正され、水

生生物に関する生物学的基準が改めて規定された。それによれば、サメの場合は低い増殖率となるため、その個体数が過去の水準から15〜20%にまで減少しているかどうかが附属書Ⅰへの掲載に関する生物学的基準となる。つまり、2004年の改正の結果、サメについて条件Aを読み替えてみると、

 A'. 近い将来に個体数が過去の水準から15〜20%にまで減少する事態を回避するために、その種の取引の規制が必要であることが判明しているか、または推論あるいは予測できる。

となる。しかし、水生生物の附属書掲載を実際に判断する際に、この基準のみを用いなければならないわけではなく、もとのAとBとこの水生生物用の基準を併せて判断することになる。そして、その判断を行うために必要な科学的知見の不確実性が大きい場合は、当該種の保全のための最良の措置を実施することが求められている。

6. ワシントン条約におけるサメ類の交渉過程

(1) COP11 (2000年)

　本節ではプロセストレーシングの手法を用いて、ワシントン条約で展開されたサメ類をめぐる交渉過程を、公式文書や関連アクターの発表資料などをもとに再構築する。

　サメ類の附属書掲載提案が初めてなされたのは2000年のCOP11（ナイロビ）であった（表2-1）。すでに述べたように、ジンベイザメは1999年にボン条約の附属書Ⅱに掲載され、その交渉の中で、アメリカはジンベイザメをワシントン条約の掲載種として提案することを表明していた。

　サメだけでなく、すべての掲載提案について、詳細な科学的助言が提供されることになっており、それを行っているのが、IUCNの「種の保存委員会」（Species Survival Commission：SSC）とトラフィック（TRAFFIC）[3]である。IUCN[4]は、1948年に設立され、84カ国から111の政府機関、874の非政府組織（2008年4月現在）が加盟しており、181カ国から約1万人の科学者や

表 2-1 ワシントン条約におけるサメ類の附属書掲載提案と投票結果

年	掲載提案がなされたサメ類（COP11のホホジロザメ以外、すべて附属書IIへの掲載提案；括弧に入っているのは区別不可能種としての提案）	投票結果
2000（COP11）	ジンベイザメ、ホホジロザメ、ウバザメ	すべて否決
2002（COP12）	ジンベイザメ、ウバザメ	すべて可決
2004（COP13）	ホホジロザメ	可決
2007（COP14）	ニシネズミザメ、アブラツノザメ	すべて否決
2010（COP15）	ニシネズミザメ、アブラツノザメ、ヨゴレ、アカシュモクザメ（ヒラシュモクザメ、シロシュモクザメ、メジロザメ、ドタブカ）	すべて否決

出典：CITES 公式文書。

専門家が重層的に協力する国際的な自然保護機関である。SSC は IUCN で常設されている6つの専門家委員会の1つであり、179 カ国から約 7,000 名の専門家ボランティアが参加している。サメ類に関しては、サメ専門家グループ（Shark Specialist Group：SSG）[5] が 1991 年に設立され、90 カ国から約 160 人の専門家が参加している。トラフィックは 1976 年に IUCN の専門家グループの1つとして発足し、現在は世界自然保護基金（WWF）と IUCN の共同事業となっている。トラフィックはその使命として、希少種の保護、生態域の保全、人間社会が必要としている資源の確保、国際協力の4つを掲げている。

IUCN/TRAFFIC は、COP11 に提出された掲載提案の評価レポート（IUCN Species Survival Commission and TRAFFIC Network 2000）の中で、FAO ですでに採択されていた IPOA-Sharks の作成勧告が実施される保証はどこにもないとして懸念を示した上で、サメ類の国際貿易に関するモニタリングを行うことができる唯一の国際機関がワシントン条約であることを強調した。一方で、それぞれの掲載提案について、掲載が妥当だとの評価を下したのは、附属書IIへの掲載対象となっていたウバザメのみであった。

公式ルールとしてワシントン条約の事務局はすべての掲載提案についての評価と意見を述べることになっているが、これらの附属書掲載提案の妥当性に

ついて、同事務局はCOP12に決定を延期することを勧告した。

　掲載に反対する国は主に、日本、中国、ノルウェー、アイスランドやカリブ海と南アメリカの漁業国であり、彼らは以下のことを主張した。すなわち、第1に、サメに関してはFAOや他の漁業資源管理機関が管理を行うべき、第2に、ワシントン条約は漁業資源を管理するための適切な機関ではない、第3に、ワシントン条約の附属書に掲載されれば、現在進行中の漁業管理の改善の動きが阻害されてしまう、の3点である。一方で、提案国をはじめとする賛成国はワシントン条約の附属書掲載は持続可能な漁業を推進するものであり、既存の漁業資源管理の枠組みと相互補完の関係にあることを強調した。投票の結果、すべての掲載提案は否決された。そのなかで、もっとも多くの賛成票が得られたのが、IUCN/TRAFFICが支持を表明したウバザメであった。一方で、ワシントン条約とFAOとの緊密な連携のもとにIPOA-Sharksの実施状況のモニタリングを行うこと（決議11.94）、そして事務局に対し、世界税関機構と協力し、国際取引されるサメ類の関連商品を他の商品と区別するための関税分類制度の調整の可能性を追求すること（決議11.151）が合意された。

(2) COP12（2002年）

　2002年のCOP12では、COP11で提案されたサメ類のうち、ホホジロザメ以外の種を附属書Ⅱに掲載することを求める提案が再度なされた。開会に先立ち、IUCN/SSCのSSGとトラフィックは、サメ類の保全と管理においてワシントン条約が果たすべき役割についての分析と勧告を行った資料（IUCN/SSC-SSG and TRAFFIC 2002）を締約国に事前配布した。そのなかで彼らは、IPOA-SharksとRFMOsによるサメ類の管理がほとんど何も実施されていないこと、サメ類に関する国際貿易を把握するためのデータが欠如していること、そして、サメ類に関する初めての決議を採択した1994年以降、ジンベイザメやアブラツノザメなどのサメ類の個体数がさらに減少していることに懸念を表明した。その上で、ワシントン条約のサメ類の附属書掲載は、サメ類の国際貿易に関するモニタリングと規制をとおしてデータ収集や持続可能な漁業に貢献することが可能であると結論づけた。また、ワシントン条約はFAO

の行動を見守るだけでなく、FAOとのより緊密な関係を築き、絶滅危惧種となっている、あるいはその危険性があるサメ類を附属書Ⅱに掲載することで、今まで以上に同条約がサメ類の国際管理により積極的に関与すべきであると提言した。さらに、RFMOsに対しては、サメ類に関するデータ、データベース構築の進捗状況、サメ類の資源状態の分析結果やIPOAに関する進展をワシントン条約（の動物委員会）に直接報告すること、ワシントン条約の加盟国に対しては、附属書Ⅱに掲載するべきサメ類を同定することを求めた。オーストラリアは基本的にこの資料に基づいた決議案を提出し、決議12.6として採択された。その中で重要な決定として、サメ類の国際取引に関するワシントン条約における行動が進展しないことをIPOAの不十分な実施によって正当化することはできないこと、動物委員会に対しIPOAの進展に関する批判的評価を行い、また、附属書に掲載するべきサメ類を同定するための分析の実施を要請すること、そして特に締約国に対し、サメ類の管理実態が改善しなければ、附属書に掲載するべきサメ類を同定する努力を継続することが勧告されている。

　サメ類を附属書に掲載することに対する反論として代表的なのは、同会議で中国によって提出された「サメ類とCOP12－要注意議題」（"Sharks" and COP12 - A Case for Caution）という文書（CITES Management Authority of the People's Republic of China 2000）である。その骨子は次のとおりである。第1に、サメ類管理のための国際協力はFAOがリードするべきである。サメ類の附属書への掲載を議論する前に、ワシントン条約のサメ類管理における役割を明確にしなければならないが、基本的には締約国に対し、IPOA-Sharksの実施するよう勧告するべきである。第2に、サメ類のようなカリスマ性のある動物種をワシントン条約に掲載することは、他の多くの漁業資源をワシントン条約で規制しようとする際の前例となってしまう。禁輸が実現した場合、ゾウやウミガメの事例から分かるように、それを解除することは極めて難しい。第3に、ワシントン条約に掲載しようとするのは、感情に流されている可能性がある。意思決定はそうした感情論で行うべきではなく、もしそうなってしまった場合、国際紛争や貿易制裁に発展する恐れもある。第4に、附

属書Ⅱに掲載された場合、それを実施するのは労力やコストがかかるだけで、保全効果はほとんどないだけでなく、プライオリティの高い管理活動から必要な資金などを引き離してしまう恐れがある。そして、その不利益を主に被るのは輸出国である。

両提案は当初否決されたものの、最後に全体会合における再投票の結果、両提案とも採択され、ジンベイザメとウバザメは附属書Ⅱに掲載されることとなった。

(3) COP13 (2004年)

2004年のCOP13ではホホジロザメを附属書Ⅱに掲載することがオーストラリアとマダガスカルによって提案された。同会議には、ホホジロザメを附属書に掲載するべきかどうかに関する科学アセスメントの結果が各専門家グループから提出された。FAOはワシントン条約との協力の一環として、附属書掲載の妥当性に関する科学アセスメントを行うアドホック専門家パネルの立ち上げを2003年2月に開催されたFAO漁業委員会で決定していた。その専門家パネルによる評価（FAO 2004）では、ホホジロザメの科学的データに関する不確実性が高いことから、掲載するべきかどうかの判断ができないとした（これは掲載すべきではないことを意味しているわけではない）。IUCN/TRAFFICによる評価（IUCN Species Survival Commission and TRAFFIC 2004）では入れるべきかどうかの判断は行わなかったものの、現在のホホジロザメの漁獲は持続可能ではなく、その原因の1つとして国際取引が挙げられる、とした。ワシントン条約の動物委員会については、その大半の委員が附属書Ⅱへの掲載に賛成した。

総じて見れば、附属書に掲載するべきかどうかの意見の一致をみることはできなかったが、ホホジロザメの附属書Ⅱへの掲載については投票が行われ、賛成が87カ国、反対が34カ国、棄権が9カ国で掲載が決定した。賛成に回ったのは、提案国、そしてEU、ブラジル、タイ、ウルグアイなどであった。反対した国は中国や日本、ノルウェーであり、その論拠としてはFAOの評価結果やCOP12と同様の論拠を挙げた。その他に重要な決定としては、水生生物

に関する附属書掲載への生物学的基準をFAOの勧告をとりいれる形で改正したことである（改正内容については第5節参照）。この結果、増殖率の程度によって、個体数の危険水準が場合分けされることとなった。

（4）COP14（2007年）

2007年のCOP14では、アブラツノザメとニシネズミザメを附属書Ⅱに掲載することがEUによって提案された（EU 2007a; b）。これらのサメ類は突然議題に上がったものではなく、動物委員会がCOP13に提出した勧告の中で、附属書掲載の対象となり得る種として取り上げられていた。その勧告の中では、関係各国や国際機関に関連データの拡充、管理制度の設立などを求めたが、いずれも十分に実施されていないとして、COP14に対して再度、COP13の勧告を実施するよう求めた。さらに、アブラツノザメについては、附属書Ⅱに掲載する提案を支持する勧告も行った。一方、IUCN/TRAFFICは両提案について、附属書Ⅱへの掲載基準を満たしているとする評価を提出した（IUCN and TRAFFIC 2007）。

これと正反対の科学的助言を行ったのがFAOである（FAO 2007）。COP14開催前年の2006年にFAOとワシントン条約は覚書を交わし、COP13に提出されたFAOによる附属書提案に関する科学的助言のプロセスは、FAOとワシントン条約との正式な協働活動として承認されていた。FAOが附属書掲載を妥当ではないと判断した理由は、不確実性が高すぎるために個体数の減少率が分からないため、水生生物に関する生物学的基準は満たされておらず、また、この基準を満たしている場合（北西大西洋のニシネズミザメ）でも計画中の管理方策が実施に移されれば回復が見込める、というものである。管理方策の策定は急務であるとしたものの、その場合はNPOAを策定し、実施するべきであるとした。アブラツノザメについては特に、海域全体を評価した場合は生物学的基準を満たしていないが、北東大西洋の海域や北西大西洋の成熟したメスに限ってみれば、同基準を満たしているとした。さらに、附属書Ⅱに掲載された場合、他のサメと見分けることは困難であるため、輸出規制を実施することは難しいとの指摘を行った。

一方、条約事務局はFAOの知見を参照しながらも、FAOの勧告とは逆に、両提案の採択を勧告した。これに対し、FAOの野村一郎水産局長（当時）がワシントン条約事務局長に宛てた手紙の中で、FAO勧告を無視したことが今までの協力関係の構築を否定し、1990年代の緊張関係に逆戻りしてしまうとして不満を表明した。これに対し、ワシントン条約のワインステカー事務局長（当時）は、その違いを附属書掲載基準に対するFAOとワシントン条約との解釈の違いに起因していると説明した。つまり、前述のように、FAOは水生生物に関して、AとBの基準が水生生物の基準に置き換わったと解釈している一方で、ワシントン条約としては、もとのAとBの基準と併せて、水生生物用の基準を解釈していくという立場であることが、この議論から明らかになったのである。

　環境保護団体は一様に、附属書掲載に賛成した。その代表的な主張はWWFのポジションペーパー（WWF 2007）に集約されている。第1に、サメ類は海洋生態系における食物連鎖の頂点に立っており、そうした種を漁獲によって大幅に減少させることは、栄養の摂取や資源動態に対して悪影響をもたらす可能性がある。第2に、提案されているサメ類は増殖率が低いため、乱獲に対して非常に脆弱である。第3に、同サメ類は減少傾向にあり、海域によっては激減している。データが不足している海域でも、入手可能なデータは減少傾向を示している。ニシネズミザメの北大西洋海域では、（附属書IIどころか）より厳しい附属書Iへの掲載基準さえ満たしている可能性が高い。第4に、同サメ類は国際的に需要があり、国際取引の対象となっている。アブラツノザメは国際取引に関するデータが入手でき、国際取引が漁業のインセンティブとなっていることを示している。ニシネズミザメについては、国際取引に関するデータは入手困難であり、附属書IIへの掲載はこうした状況の改善を促すことができる。第5に、附属書IIへの掲載は伝統的な漁業資源管理やIPOAの実施にも貢献するものであり、相互補完的な管理措置である。

　また、WWFがTRAFFICとともに発表したブリーフィングペーパー（TRAFFIC and WWF 2007）では、FAOの附属書掲載に関する科学アセスメントに対して批判を行っている。それによれば、アブラツノザメについては、

現在の海域全体の個体数に重点を置きすぎており、個体数の減少傾向と附属書Ⅱへの掲載がこの減少傾向に歯止めをかけるのに有効である点について、十分に注意がはらわれていない。また、ニシネズミザメについては、それぞれの海域の管理方策に重点を置きすぎており、附属書掲載がニシネズミザメ全体にもたらす便益について十分考慮していない。また、全体的にFAO自らが進展状況の不十分さを認めているIPOAに頼りすぎている、とした。

附属書掲載に対する反対の急先鋒はやはり中国である。中国はCOP14に提出した資料（China 2007）の中で、基本的に従来の主張を繰り返しているが、さらに一歩踏み込んだ主張を行った。すなわち、提案された両種ともに商業的絶滅（「生物学的絶滅」は生物種が完全にいなくなることを意味するが、「商業的絶滅」は、完全に絶滅しないまでも、商業が成り立たなくなるほど、個体数が減少することを意味する）の危機にさらされてはいるが、生物学的絶滅は関係がない。さらに、ワシントン条約は生物学的絶滅を避けるために輸出規制を行うべきであると述べ、ワシントン条約は漁業に関与するべきではないことを示唆した。また、ワシントン条約事務局がFAOの勧告を無視して、それと正反対の勧告をしたことについて、附属書掲載が両種の保全に貢献するという「暗黙の信念」に捉われているとして非難した。そして、提案者であるEUについては、EUが主に自国需要を満たすためにEEZ内で行っているサメ漁獲管理の強化は最重点課題であるにもかかわらず、附属書Ⅱに掲載しても輸出規制しかできないため、そうした課題を克服することにはつながらないとして、不公平感をにじませた。

実際の交渉では、基本的にこれまでのCOPと同様の応酬が展開された。提案したEUは、両種が附属書掲載の基準を満たしているとした上で、ワシントン条約による貿易規制は国内・国際レベルで行われている漁業資源管理と相互補完的な関係にあり、漁業資源の保全と持続的利用に貢献できると訴えた。これに対し、中国、日本、ノルウェー、アイスランド、カナダや中南米諸国はFAOや他のRFMOsが漁業管理の主体となるべきであり、FAOの専門家パネルが附属書掲載基準を満たしていないと結論付けたとして、反対した。結局、両種の附属書掲載は賛成が反対を上回ったものの否決された。また、サメ

類に関連して決定 14.101-117 が採択され、従来から引き続き、附属書Ⅱ掲載に伴う取引規制の実施に関する情報収集や能力向上を含めた改善、IPOA 実施の重要性に加えて、ワシントン条約で採択された決定としては初めて、動物委員会に対しサメ類の違法漁獲についての調査を行うよう要請することが盛り込まれた。

(5) COP15 (2010年)

2010年のCOP15には、前回COP14で提案されたサメ類がEUから再び提案され、パラオが共同提案者に名前を連ねた。これに加えて、アカシュモクザメ、ヨゴレ、そしてアカシュモクザメと輸出規制する上で区別できないサメ類（look-alike species）として、ヒラシュモクザメ、シロシュモクザメ、メジロザメ、ドタブカも附属書Ⅱに掲載する提案が、パラオとアメリカによって提出された。EUとアメリカは再度、提案したサメ類がどのRFMOsによっても管理されていないことに言及した。特に、EUは自国内でのニシネズミザメの漁獲・混獲の禁止、アブラツノザメの漁獲の禁止と混獲の漸次停止を行っていることを強調した。これは前回COP14の時に中国が附属書掲載提案を不公平だとする批判に対応するための措置である可能性が高い。

FAOはアブラツノザメを除き、附属書掲載を勧告した。ニシネズミザメについて、前回は掲載すべきではないとした評価結果が覆ったのは、新規のデータを分析した結果によるものであるとしている。また、メジロザメとドタブカについては、輸出規制の際、アカシュモクザメと区別することはできるため、附属書に掲載するべきではないとした。条約事務局はFAOとほとんど同じ勧告を行った。前回と同様に、アブラツノザメに関してのみ、FAOとは逆に掲載すべしとの勧告を行ったが、これは前回COP14と同様に、附属書掲載基準の解釈の違いに起因していると説明された。IUCN/TRAFFICの分析ではサメ類に関するすべての掲載提案が掲載基準を満たしているとする分析結果を発表した（IUCN and TRAFFIC 2010）。環境NGOは基本的にCOP14と基本的に同じ主張を展開し、附属書Ⅱへの掲載を訴えた。

締約国会議での交渉でも基本的に同様の主張が展開されたが、FAOが附属

書掲載基準を満たしていると評価したサメ類に関しては、同様の評価がなされなかったアブラツノザメよりも多くの賛成票が投じられた。特に、ニシネズミザメに関しては、COP14の時よりも賛成が30票増えた。しかし、最終的にはすべての提案が否決されることとなった。

7. 制度間相互連関のトリガーとしてのサメのノンレジーム

　ここでは、ワシントン条約にサメ類の附属書掲載提案がなされるようになった理由についての分析を行う。まず、その理由として考えられる仮説をいくつか提示した上で、それらを1つずつ検証していく。
　まず、パワーに基づいた仮説として考えられるのは、サメ類を提案することによって、他の掲載提案についての交渉を有利に運ぶことが考えられる。これについては包括的な分析を行わなければ確たる答えを得ることはできない。EUについては今まで継続してサメ類の掲載提案を行ってきており、ある特定の掲載提案に関する交渉カードとして提案しているとは考えにくい。もう1つの仮説として、ワシントン条約を梃子にしてRFMOsでの附属書掲載提案国のパワーを増強させるということも考えられる。しかし、主な提案国であるEUやアメリカはすでにそうしたパワーをRFMOsにおいて持っているため、サメ類をそのためだけに提案することは極めて可能性が低いだろう。
　次に、短期的な経済的利益を得るために掲載提案を行うことが考えられる。附属書Ⅱに掲載することでこれを達成できるのは、国際取引の規制を強めることで、自国のEEZ内で漁獲あるいは混獲されるサメ類の需要を高め、それが収入増をもたらす場合が考えられる。しかし、実際には国際取引されるフカヒレは非常に高価であり、輸出規制を強めることは、フカヒレの国際取引が困難になることによる収入減につながる可能性の方が高いため、この仮説も棄却できる可能性が高い。また、EUはニシネズミザメやアブラツノザメの掲載提案を行っているが、その両種の漁獲や混獲を0にする政策を打ち出しており、掲載提案が自国のサメ漁に利益をもたらすことが目的ではないことは明らかであ

る。

　第3の仮説としては、「反捕鯨」の考え方に代表されるように、野生生物の保護主義（preservationism）に基づいて附属書Ⅱへの掲載提案を行うことが考えられる。しかし、附属書Ⅱは野生生物の国際取引自体を否定するわけではなく、提案国であるEUやアメリカは実際に取引規制のためのキャパシティビルディングや同定方法の開発なども行っているため、保護主義に沿って行動しているわけではないことは明らかである。

　最後の仮説としては、サメ類の管理ができるはずのRFMOsやFAOが管理を怠ったがためにその個体数が激減していることが科学的知見で示され、それに対応するために、サメ類の管理のプライオリティが低いRFMOsではなく、ワシントン条約のもとで輸出規制を行い、管理を促進させることによって商業的絶滅を避けようとして附属書掲載提案を行ったことが考えられる。本章のケーススタディで再構築した交渉過程から判断すれば、サメ類の附属書掲載が提案されるようになった要因を説明する仮説としてはもっとも説得力があると思われる。

　しかし、この仮説にある科学的知見が説得力をもつためには、それが科学者コミュニティのコンセンサスが得られていなければならない可能性が高い。上記のケーススタディにおいて、この科学的コンセンサスを提供しているのが認識共同体であることをここで確認しておきたい。

　まず、認識共同体が共有する規範的価値については、サメ類の科学アセスメントに関わる科学者が、管理のための助言を積極的に行うべきであるという規範は共有されていることは間違いないと思われる。第2の要素である因果関係の認識についても、管理を行っていないことが、サメ類の個体数減少の一因となっているということの共有はなされている可能性が非常に高い。例えば、IUCNとトラフィックがCOP12に提出した資料では、RFMOsによるサメ類の管理がなされておらず、ワシントン条約が初めてサメ類に関する決議を採択した1994年以降、サメ類の個体数が減少していることに警鐘を鳴らした。また、Herndonらは既存のRFMOsによる管理ではなく、新しいサメ類の保全と管理のための国際委員会の設立を提言している（Herndon et al. 2010）。第

3の要素である妥当性基準については、基本的に関わっている科学者は資源管理や生物学を専門としているため、妥当性基準は共有されているとみて間違いないだろう。注意しなければならないのは、この妥当性基準は、科学的知見の妥当性を測るものであって、附属書掲載の妥当性を測る基準のことではない、ということである。したがって、附属書掲載の基準に関するFAOとワシントン条約の解釈の不一致は、認識共同体の妥当性基準とは関係がない。第4の要素である、志向する政策の共有であるが、ワシントン条約も含めた包括的な資源管理を行わなければならないことでコンセンサスが得られていると思われる。国際取引が個体数減少の一因となっていることは間違いないという認識は共有されており、それに対応することができる唯一の国際条約がワシントン条約であることは明らかである。したがって、FAOやRFMOsはもちろんのこと、ワシントン条約を含めて包括的な管理を推進しなければならないというコンセンサスが得られている可能性が非常に高い。

　実際に、ワシントン条約にサメ類が附属書掲載提案の対象となったあと、RFMOsやFAOによるサメ類の管理は改善傾向にある。例えば、ごく一部ではあるが漁獲枠が定められるようになってきている。未だにサメ類の管理はノンレジームの域を出ないが、ワシントン条約による圧力がこのような動きを促進していることが確認できれば、ノンレジームがワシントン条約にサメ類を持ちこませたという可能性はさらに高まることになる。

8. 結　　論

　本章のケーススタディで示されたように、ワシントン条約においてサメ類の附属書掲載提案がなされたのは、サメ類の管理がノンレジームとなってしまっており、そのノンレジームがサメ類を危機的状況に追い込んでいることが認識共同体によって示されていることが要因となっている可能性が高いことが明らかとなった。今までの制度間相互連関の研究では、ノンレジームが相互連関を発現させる要因となる可能性はまったく分析対象にはならなかったが、本章の

ケーススタディが示唆しているように、その可能性を排除することはもうできない。

　さらに、同ケーススタディをとおして、そうした相互連関を政策構想として持つ認識共同体の存在が、ノンレジームが相互連関のトリガーとなる必要条件なのではないか、という示唆も得られた。認識共同体は、科学的不確実性や問題そのものに対する認識が重要となる、いわゆるレジーム構築やアジェンダセッティングといった局面で影響力を発揮することが示唆されている（Haas 1992）。ノンレジームが相互連関を発現させる場合も、いわば「何もしていない状態」がある問題を引き起こしている、という問題認識を関連アクターに説得し、その解決のためには制度間相互連関を発動させなければならない、というアジェンダセッティングを行うアクターがいなければ、相互連関は発現しない。このアクターとしては、まさに認識共同体が適任である。言うまでもなく、「あることをしている状態」が問題の要因であることよりも、「何もしていない状態」が問題を引き起こしているという因果関係を同定することのほうが、大きな科学的不確実性を伴う。こうした科学的不確実性に対処することができるのは、社会的権威をもって科学的知見を発信することができる認識共同体をおいて他にはないため、同アクターが、ノンレジームが制度間相互連関のトリガーとなるための必要条件となっている可能性は高い。

　今後の研究課題としては、制度間相互連関がレジームの有効性にどのような影響を与えているのか、そしてそれをどのように管理するべきなのかを分析することである。ワシントン条約にサメ類が提案されるようになってから、RFMOsにおけるサメ類管理のための科学アセスメントや規制は確実に増えてきている（Lack and Sant 2011）。したがって、ワシントン条約による国際取引規制の圧力がRFMOsにサメ類の管理を促すことは相互連関の管理の1つの選択肢として成り立つ可能性が非常に高いが、その行方を注視していきたい。

【注】

1) UNEP/CMS/Recommendation 8.16
2) トラフィックイーストアジアジャパンのホームページ
 (www.trafficj.org/aboutcites/cop9restxt.html#9.24) に掲載されている和訳を直接引用。
3) トラフィックについては以下のホームページを参照：http://www.trafficj.org/。
4) IUCNについては以下のホームページを参照：http://www.iucn.jp/。
5) IUCN/SSC-SSGについては以下のホームページを参照：http://www.iucnssg.org/。

参考文献

Camhi, M. D., S.V. Valenti, S.V. Fordham, S. L. Fowler, and C. Gibson. *The Conservation Status of Pelagic Sharks and Rays: Report of the IUCN Shark Specialist Group Pelagic Shark Red List Workshop.* Newbury, UK: IUCN Species Survival Commission Shark Specialist Group, 2009.

China. The Proposal to List Great White Sharks (*Carcharodon carcharias*) in Appendix II with a Zero Quota: A Discussion of Issues. CITES CoP13 Inf. 25, 2004.

―――. Shark Issues. CITES CoP14 Inf. 45, 2007.

CITES Management Authority of the People's Republic of China. "Sharks" and COP12 -A Case for Caution. CoP12 Inf. 30, 2000.

CITES. Consideration of Proposals for Amendment of Appendices I and II. CoP13 Prop. 32, 2004.

―――. Memorandum of Understanding between the Conference of the Parties to the Convention on International Trade in Endangered Species of Wild Fauna and Flora (CITES) and the Food and Agriculture Organization of the United Nations (FAO) Concerning Commercially Exploited Aquatic Species, CoP13 Inf. 8. December 2003.

Cullis-Suzuki, S. and D. Pauly. *Evaluating Global Regional Fisheries Management Organizations: Methodology and Scoring.* Working paper#2009-12. Vancouver, Canada.: Fisheries Centre, The University of British Colombia, 2009.

EU. Proposal: inclusion of *Lamna nasus* (Bonnaterre, 1788) in Appendix II in accordance with Article II 2 (a). CITES CoP 14 Prop. 15, 2007a.

―――. Proposal: inclusion of *Squalus acanthias Linnaeus*, 1758 in Appendix II in accordance with Article II 2 (a). CITES CoP 14 Prop. 16, 2007b.

―――. FAQ EU SHARKS: Frequently Asked Questions related to the Listing Proposals of Porbeagle and Spiny Dogfish. CITES CoP15 Inf. 36, 2010.

FAO. Report of the twenty-second session of the Committee on Fisheries. Rome, 17-20 March 1997. *FAO Fisheries Report.* No. 562. Rome: FAO, 1997.

―――. An appraisal of the suitability of the CITES criteria for listing commercially exploited aquatic species. *FAO Fisheries Circular*. No. 954. Rome: FAO, 2000.

―――. Report of the FAO Ad Hoc Expert Advisory Panel for the Assessment of Proposals to Amend Appendices I and II of CITES Concerning Commercially- exploited Aquatic Species. *FAO Fisheries Report* No. 748, Rome: FAO, 2004.

―――. Report of the second FAO Ad Hoc Expert Advisory Panel for the Assessment of Proposals to Amend Appendices I and II of CITES Concerning Commercially-exploited Aquatic Species. *FAO Fisheries Report*. No. 833. Rome: FAO, 2007.

Government of Australia. A Single Day Snapshot of the Trade in Great White Shark (*Carcharadon carcharias*). CITES CoP13 Inf. 51. October 2, 2004.

Haas, P. M. "Introduction: epistemic communities and international policy coordination." *International Organization* 46, 1: 1-35, 1992.

Herndon, Andrew, Vincent F. Gallucci, Douglas DeMaster, and William Burke. The case for an international commission for the conservation and management of sharks (ICCMS). *Marine Policy* 34, 6 : 1239-1248, 2010.

IUCN Species Survival Commission and TRAFFIC Network. *IUCN Analyses of Proposals to amend the CITES Appendices*. Gland, Switzerland: IUCN, 2000.

IUCN/SSC SSG and TRAFFIC. *The Role of CITES in the Conservation and Management of Sharks* (Revised and updated from AC1 Doc.19.2.), June 2002.

IUCN Species Survival Commission and TRAFFIC. *IUCN/TRAFFIC Analyses of the Proposals to Amend the CITES Appendices*. Gland, Switzerland: IUCN, 2004.

IUCN and TRAFFIC. *IUCN/TRAFFIC Analyses of the Proposals to Amend the CITES Appendices*. Gland, Switzerland: IUCN, 2007.

―――. *IUCN/TRAFFIC Analyses of the Proposals to Amend the CITES Appendices*. Gland, Switzerland: IUCN, 2010.

Jasanoff, S. *The Fifth Branch―Science Advisers as Policymakers*. Cambridge, Massachusetts: Harvard University Press, 1990.

Lack, M. *Conservation of Spiny Dogfish Squalus acanthias: A Role for CITES?* Cambridge, UK: TRAFFIC International, 2006.

Lack, M. and G. Sant. *Illegal, unreported and unregulated shark catch: A review of current knowledge and action*. Canberra: Department of the Environment, Water, Heritage and the Arts and TRAFFIC Oceania, 2008.

―――. *The Future of Sharks: A Review of Action and Inaction*. TRAFFIC International and the Pew Environment Group, 2011.

Scientific Committee of the Indian Ocean Tuna Commission. *Report of the Eleventh Session of the Scientific Committee of the IOTC*, Victoria, Seychelles, 1-5 December 2008. Available at: http://www.iotc.org/files/proceedings/2008/s/IOTC-2008-S12-R[E].pdf

Shark Working Group. *Report of the Working Group: Biological and trade status of sharks* (Resolution Conf. 12.6 and Decision 12.47). Twentieth meeting of the Animals Committee, Johannesburg, South Africa, CITES AC20 WG 8 Doc. 1, 29 March-2 April 2004.

TRAFFIC and WWF. Sharks and the 14th meeting of the Conference of the Parties to CITES, The Hague, Netherlands, 3-15 June 2007.

United States of America. Appendix II Listing Proposals for Sharks. CITES CoP15 Inf. 69. 2010.

WWF. WWF Positions—CITES CoP14. 2007.

3 生物多様性レジームと気候変動レジームの連結
―持続可能で有機的なネクサスの模索―

太田 宏

1. はじめに

多くの国が多国間環境協定締結交渉に携わり、協定に調印したのち国内の政治過程を通して批准する。各協定で定める一定数の国がこれを批准すれば、国際協定は効力を発揮する。こうして1つの国際環境レジームが誕生する。こうした国際環境レジーム間あるいは環境問題以外の国際レジーム（国際貿易関連レジームなど）との相互関係が、地球環境政治における重要な一側面になってきた。例えば、ある関係はお互いのレジームの目標達成のために良い相乗効果をもたらすことが期待される一方、ある関係はレジーム間の対立を助長するおそれがある（Oberthür and Gehring 2006）。こうした国際レジーム間の相互連関の考察は、国際環境政治を理解するあるいは国際環境問題解決を図る上でも、重要な視点を提供してくれる。さらに、国際環境ガバナンスあるいは地球環境ガバナンスという見方・考え方に従い（フレンチ 2000; 渡辺・土山 2001; Lipschutz 2004; Young 1994, 1997, 1999）、環境 NGO や産業界・企業の関与の重要性とともに、環境さらには非環境レジーム間の相互連関が、しばしば問題解決のカギを握るものとして理解される（山本 2008; Betsill and Corell 2008; Chasek et al. 2010; Young 2002）。

しかし、本章の目的はより限定的である。ここでは、地球環境レジーム間の相互関係、特に、生物多様性レジームと気候変動レジームに焦点を当てて、

レジーム間の相互連関に焦点を絞る。中心となる問いは、生物多様性レジームと気候変動レジーム間の相互連関の内容とはどのようなものであり、それはどこまで進んでいるのか、また、相乗効果と阻害効果のうちどちらが生じているのか、というものである。この問いへのアプローチは、気候変動レジーム内で生物多様性問題がどのように討議されているのか、また、その反対に、生物多様性レジーム内で気候変動問題がどのように討議されているのか、ということを明らかにしていくことである。方法論的には、事例研究におけるプロセス・トレーシングを用いる（George and Bennett 2005）。具体的には、気候変動レジーム内での生物多様性問題の扱われ方として、森林の減少・劣化等の問題の討議を跡付ける。他方、生物多様性レジーム内での気候変動問題の討議として森林の減少・劣化等の問題、バイオ燃料、ジオエンジニアリング（geo-engineering）そしてリオ条約間の連携について、最近の締約国会議（COP）の討議内容を整理する。以上の内容に基づいて、本章の基本的な問い対する答えを見いだすとともに、本章で扱う2つの地球環境レジームの相互連関が各々の問題解決ならびに地球環境ガバナンスにどれほど寄与しているか、ということも若干検討したい。

2. 環境レジーム間の複雑な相互連関
　―気候変動レジームと生物多様性レジーム―

　気候変動レジームは、国連気候変動枠組条約（UNFCCC）と京都議定書とからなり、二酸化炭素（CO_2）やメタンガスといった温室効果ガス（GHGs）の排出を抑制し、地球気候の安定化を目的とするレジームである。気候変動問題は、生物多様性や森林問題、砂漠化や水の問題と深く関わっている。地球の気候変動によって降雨量や降雨パターンが変化すれば、森林の植生も変化してくる。気候変動緩和策の一環として、CO_2の吸収源の拡大のために成長の早い単一種の木（ユーカリなど）の植林が提案されることがあるが、こうした植林が自然林を伐採した後に行われれば、多くの動植物が生息地を失い、生物多様

性の喪失を助長する。また、ツンドラ地帯には元来木は成長しないのだが、地球の温暖化現象によって樹木が生育する環境に変わると、現在ツンドラに生息している動物が餌場を失い、渡り鳥が繁殖地などを失う。さらに、降雨量や降雨パターンの変化の影響も無視できない。半乾燥地帯はより乾燥してしまう恐れがある一方、他の地域では洪水の頻発が懸念されている。地球の平均気温の上昇によって海面上昇がさらに進めば、島国や海岸線の多い国は海岸浸食や冠水などの被害をこうむることになる。他方、気候変動対策としてのCO_2の吸収源の増大を目指す植林は、砂漠化の拡大をも抑制する可能性がある。湿地に関するラムサール条約については、各国の湿地の登録地が増加すれば渡り鳥の生息地の保全が促進されるが、その反対にCO_2の吸収源獲得のための植林は湿地の喪失にもつながりうる（毛利 2008, p.12; IPCC 2007）。

　また、生物多様性の保全は、他の自然環境系の国際環境協定と深く関わる。生物多様性条約は、地球上の動植物に関する最も包括的な多国間環境協定である。この条約の目的の達成に向けての努力が前進すれば、「絶滅の危機に瀕する野生動植物の国際取引に関する条約（ワシントン条約）」にも良い影響を与えうる。また、ワシントン条約の履行によって絶滅の危機に瀕する動植物をより多く保護できれば、生物多様性の保全の目的達成にもつながる相乗効果がある。ワシントン条約は絶滅の危惧種を附属書Ⅰ、Ⅱ、Ⅲの3つのカテゴリーに分類している。附属書Ⅰに掲載される野生動植物は、絶滅のおそれのある種で取引による影響を受けている、あるいは、受けるおそれのある種の商業目的の取引を原則禁止している。ジャイアントパンダ、ゴリラ、オランウータンなどがこのカテゴリーに入っているが、アフリカ象はカテゴリーⅠ指定の野生動物になったりカテゴリーⅡに掲載されるものになったりしている。附属書Ⅱに掲載された野生の動植物に関しては商業目的の取引は可能だが、輸出国政府が発行する輸出許可証が必要となる。一番規制が緩いのが附属書Ⅲに掲載されているもので、商業目的での取引が可能である。3年に一度ぐらいのペースで締約国が集まって、どのような野生の動植物をどのリストに入れるかという議論をして、最終的に締約国会議参加国による集団的な決定を下している。同様に、渡り鳥にとって重要な生息地である湿地帯を守るラムサール条約の履行も生

物多様性保全の目的達成に役立つ。150カ国以上の国が批准しているこの条約は、特に水鳥の生息地として国際的に重要な湿地を登録している。湿地とそこに生息する多様な生物の恵みを子孫に伝えられるように守りながら湿地からの恩恵を受けるという、賢明な利用を目指している。

以上概観したように、生物多様性保全条約とワシントン条約、ラムサール条約の関係は補完的で、全体として環境保全が一層進むという相乗効果が期待できる。それでは、生物多様性レジームと気候変動レジームの相互連関はどのようなものなのだろうか。まず、より具体的な規制内容をもつ気候変動レジームの方からみていこう。

3. 気候変動レジームにおける生物多様性問題

(1) 生物多様性問題が気候変動レジーム内の交渉議題に上った経緯

生物多様性喪失問題にも深く関わる森林の伐採は、気候変動レジーム交渉において、CO_2吸収源の減少による温室効果ガス（GHGs）の増加問題として、早い時期から議論が進んでいた。特に、CO_2の吸収源としての森林の保全については、土地利用・土地利用の変化および林業に関するCO_2の吸収（植林・再植林）、さらには農地や森林ならびに土壌の管理などに関連する追加的措置も気候変動緩和策として京都議定書にも明記されている（第3条第3項、4項：LULUCF）。こうしたLULUCFに関連したGHGsの排出は、世界全体の年間排出量の20～25％を占め、そのほとんどが途上国における森林破壊に起因している、といわれる[1]。気候変動に関する政府間パネル（IPCC）の第4次報告書は、森林の減少と劣化による影響は、地球全体のGHGs排出量の17％に相当すると報告している[2]。気候変動レジームの交渉では、これまで植林・再植林活動によるCO_2の吸収に関心を示してきた。しかし、途上国における森林減少および森林劣化に由来する排出削減（REDD）の規模の方が、植林・再植林による吸収規模より潜在的にはるかに大きいことがわかってきた[3]。

気候変動レジーム内の交渉でREDD問題の議題が初めて提案されたのは

2005年で、熱帯雨林諸国連合を代表したパプアニューギニアとコスタリカによるものであった。その提案の骨子は、REDDの諸活動から生じるGHGs削減クレジットを炭素市場で売買する、というものである[4]。この提案がなされたのは、京都議定書後（ポスト京都）の枠組みに関する議論が開始されたCOP11（2005年、モントリオール）の時期であった。生物多様性を構成するものの複雑さやその保全目標設定などのための数量化の難しさから、気候変動問題に関する国際交渉において生物多様性に言及することに反対する向きが一般的に強かった[5]。しかし、ポスト京都交渉開始とともに、森林というCO_2の吸収源の維持あるいは吸収源のさらなる喪失を回避することによって、GHG排出の増加の抑制に貢献する国を増やすメカニズムの開発の必要性が認識され、潜在的な受益国のみならず、援助を行う国、科学者や環境NGOによってその提案が支持された[6]。

　こうした動きを受け、UNFCCCは、科学および技術の助言に関する補助機関（SBSTA）を通してREDDの可能性を検討する一連のワークショップを率先して開催した。そして、オーストラリアで開催された2回目のワークショップまでに、REDDの活動を気候変動の緩和に関係づけるメカニズムについての基本的な考え方が提案された。REDDのメカニズムに関しては、市場メカニズムを活用するものと、そうでないものに大別できる。前者に関しては、①REDDによって生じたクレジットを炭素市場で取引可能にするメカニズム、②REDDプロジェクトのためのプロジェクトを基礎とした、プログラマティックなものおよび（あるいは）セクター別のCDM、そして③炭素市場とは区別された生態系サーヴィスに対する支払などである。一方、市場によらないメカニズムとしては、①開発援助、②政府や非政府団体からの自発的寄付、③民間セクターからの資金提供、④条約下での見込みのある新たな財源、⑤京都議定書や地球環境ファシリティー（GEF）下の既存の基金、そして⑥炭素税からの歳入などである[7]。

　インドネシアのバリで開催されたCOP13で採択された「バリ行動計画」には、気候変動の緩和に関する国内ならびに国際的行動の強化策として、「途上国におけるREDDに関連する問題に対する政策手法の採用とプラスのイン

センティヴの提供、ならびに途上国における森林の保全の役割、森林の持続可能な管理、森林炭素貯蔵量の増加」(REDDプラス:以下、REDD+)を含めた(Decision 1/CP.13)[8]。また、REDD+を促すアプローチに関するCOP13の決定が採択された。この決定では、途上国におけるREDD+が「コベネフィット(co-benefits)を促進でき、他の関連する国際条約や国際協定の目的と目標を補うかもしれない」という認識が示されている(Decision 2/CP.13)[9]。このCOP決定では、また、将来のREDD+メカニズムの方法論的な問題を処理するよう、SBSTAに権限を与えた。と同時に、技術的な問題と合わせて、UNFCCC下の長期的協力行動のための特別作業部会(AWG-LCA)でREDD+が正式に検討されることになった。

一見して、SBSTAやAWG-LCAにおけるREDD+の議論は技術的な問題とみなされるが、実は、非常に政治的な交渉をともなっている。上述のREDD+のメカニズムや財源などの問題は言うに及ばず、そもそも、REDD+の定義である「森林の減少」(deforestation)と「森林の劣化」(forest degradation)は、それらを抑制した時のGHG削減の達成規模や潜在的な利益の基準が異なることを含意して、実に曖昧である。例えば、「基準となるレベル」(reference levels)か「基準となる排出レベル」(reference emission levels)が望ましいのか、あるいは両方なのかをめぐって議論の余地が大きい[10]。また、森林の減少あるいは劣化状況の監視、報告、そして検証(monitoring, reporting, verification: MRV)がどのように実施されるのか、ということも議論の対象になる。森林の減少あるいは劣化以外の「プラス」(追加的)要素である「森林の保全」「森林の持続可能な管理」「森林炭素貯蔵量の増加」に関しても、同様の問題が当てはまる。さらに、先住民の役割や権利問題も大きな政治問題である[11]。これらの問題に関連して、REDD+の活動から、気候変動の緩和と生物多様性の保全の目的達成にとっても相互に利益(コベネフィット)があること、あるいはより多くの発展途上国の人びとと、特に、熱帯雨林を生活の場としているような先住民や森林に依存しているローカルの人びとにとってもコベネフィットが得られねばならないだろう。また、現実の国際交渉による利害調整では、異なる国や地域の思惑の違いから交渉が難航するのが常であり、利益

を同じくする国や地域の間では、全体の利益に配慮しながらも、各々の利益の増進をはかるために緩やかな政策連合が形成される。多国間交渉の場でも、結局のところ、「誰が、何を、いつ、どのように獲得するのか」[12]という政治学の古典的な問いかけは意味をなす。

以下に、SBSTAにおける政府代表者間による公式の議論やカンクンで開催のCOP16に向けての環境NGOや民間セクター間の非公式の議論にも言及しながら、気候変動レジーム内でREDD+活動に関してどのような認識のもとに、どのような議論が展開されたのかを跡付けてみる。

(2) 気候変動レジーム内での生物多様性問題の討議――REDD+を中心に――

発展途上国、先進国、環境NGOや民間セクターの間あるいは各々のグループ内において、REDD+に対する思惑は当然ながら異なる。湿潤熱帯林が多くてしかも森林減少率の高い国々は、熱帯雨林諸国連合に代表されるように、当初から「森林減少クレジット」(deforestation credits)と市場メカニズムの活用に強い関心を示してきた。森林の多い低開発国やアフリカ諸国も、開発の必要性とともに、REDD+に期待をかけている。特に、アフリカ諸国は、森林のみに限らない広義のREDD+を求めている[13]。潜在的に大きな利益を得られるものとみられるブラジルではあるが、REDD+の活動が自国の資源開発に対する「主権的権利」を制約するかもしれないこと、また、その活動が拘束力のある削減義務へ発展する懸念から、2009年の時点のSBSTAの協議では、REDD+に市場メカニズムを導入することに反対していた[14]。他方、インドネシアは、市場と非市場メカニズムを組み合わせたアプローチを支持していた[15]。

多くの途上国はREDD+に対して概ね肯定的な態度を示しているが、ほとんどの途上国の政府が、REDD+の実施における監視には慎重な態度を示している。特に、自国の森林監視体制に対する第三者の調査の役割やREDD+活動のための手続きに対する適切な監視・報告・検証(MRV)については、慎重な対応を求めている[16]。

先進国は一様にREDD+活動の気候変動緩和に対する貢献を認識し、市場

メカニズム・アプローチに賛成している。その中でもとりわけ米国は、人口増加、消費そして土地利用などの観点も含めた幅広いREDD＋の捉え方を支持するとともに、MRVの要素が不可欠であることを強調している。ヨーロッパ連合（EU）は、REDD＋活動と低炭素開発戦略の連関の重要性を指摘し、ノルウェーの主張する生物多様性のために保護措置（safeguards）を確立すべきという考えを支持した[17]。この考えは、REDD＋の活動の促進による生物多様性の喪失を防ぐ必要性を指摘した点で非常に重要である。その後、気候変動レジーム下でのREDD＋活動が生物多様性のレジームとの間で相乗効果（コベネフィット）をもたらすという考えに代って、後者の目的達成のための阻害効果をもたらす危険性がより認識されるようになり、UNFCCCの交渉の場では、コベネフィットよりセーフガード（保護措置）の表現がより多く使用されるようになっていく。

　先進国がREDD＋活動を支持する主な理由は、それを国内のGHGs排出削減目標を埋め合わせるために活用（オフセット）することにある[18]。例えば、2009年6月に米国の下院で成立した、「クリーン・エネルギーと安全保障法」（ACES Actあるいはワックスマン＝マーキー法）（H.R. 2454）[19]は、削減目標を達成するために、米国の総排出量の約30％を占める年間最大20億tのオフセット・クレジットを利用できるとして、そのうち半分までを海外の事業から得たクレジットを活用できるとしている[20]。また、REDD＋活動支援のために2012～25年の間、毎年5％の資金を取っておくという条項もある[21]。これに対して、中国をはじめとして多くの途上国は、先進国による海外でのREDD＋クレジットが国内のGHGs排出努力の肩代わりにならないように、つまり、オフセット・メカニズムにならないようにSBSTAでの交渉で主張していた[22]。

　中国のこの主張に関しては、多くの環境NGOも賛同し、市場メカニズムの活用と合わせて、REDD＋に反対するあるいは改善点を指摘する主な理由となっている。また、ユーカリなどの単一種の植林が生態系や地域住民に悪影響を及ぼす点も環境NGOの間で強く懸念されている。特に、自然保護活動や生物多様性の喪失問題などを中心に活動している環境NGOは、熱帯林の炭素吸

収サーヴィスのみに着目せず、熱帯林の水循環、水質浄化、気候緩和機能など、その他多くの生態系サーヴィスに注意を払う必要性を指摘する。したがって、気候変動緩和と生物多様性保全のコベネフィットを生み出すように REDD＋のメカニズムを設計する必要性を強く主張する。こうした点を踏まえ、主な自然保護団体は、①京都議定書下の森林の吸収源規定のような抜け穴（原生林、自然林と産業林との区別が定義されていない等）を作らないように REDD＋の定義を明確にすること、②すべての途上国による幅広い参加を可能にすること、③森林減少と劣化の危機にある熱帯林を含むこと、④特に、生物多様性が豊かである保護地域や生態学的にも保護の優先順位の高い地域の管理や保護の実施を促進するような取り組みへのインセンティヴを含むように設計すべきであること等を、COP16 へ向けての交渉段階にあった AWG-LCA の第 8 回会合で提案した[23]。

　さらに、熱帯林の先住民やその他の森林の生態系に依存して暮らす人びとの生活・人権・文化を尊重しつつ、彼らの持続可能な森林管理への参加を保障することも、開発・人権 NGO にとっては重大な関心事項である。これらのことは、生物多様性レジーム内でも主要な問題であり、気候変動レジーム内の REDD＋の活動とも深く関わる。森林生活者の権利とかれらの森林資源管理への積極的な参加が確保されれば、コベネフィットが得られることになろう。そのためには、開発・人権 NGO は、例えば、①森林に依存して暮らす人びとが自分たちの暮らしや森林の所有権問題等に関する政治的な決定に参加できること、②森林生活者や林業者らとの間の衡平な利益の分配、③森林生活者らが文化的、社会的、そして経済的な権利などの享受から排除されてきた歴史に対する認識などに十分に配慮することなどを、REDD＋のメカニズムの原則として求めている[24]。

　炭素クレジット・プロジェクトを開発する企業やコンサルト会社などの仲介業者さらにはクレジット購入企業などからなる民間セクターは、REDD＋に大いに関心を示している。炭素クレジットの売り手と買い手にとっての魅力は、REDD＋による炭素クレジットを他の方法に比べ比較的安く生み出すことができるという期待である。もう 1 つの魅力は、REDD＋が、企業の社会的責任

（CSR）を果たすのにふさわしい活動になり得るという期待である。つまり、REDD＋の活動が、生物の多様性の保全や先住民の権利擁護さらには貧困の軽減にも寄与するという「コベネフィット」を期待させることである。このことは、REDD＋活動が投資家にとっても社会的責任のある投資ということで、多少クレジット価格が高くても投資する対象になることを期待させるものである。事実、ゴールドマン・サックスや投資会社のクレジット・スイス（すでにインドネシアで事業展開している）などや一部の環境NGOそして政府の財務当局などが、REDD＋が生み出す炭素クレジット市場に関心を示している[25]。最後に、林業者にとって、REDDのプラスの要素である「持続可能な森林の管理」は、材木の持続可能な「伐採」を意味しよう。当然、商業林の植林が促進され得る。それに対して、環境NGOは、他のプラスの要素である森林の保全そしてそれを保障する措置を合意に明記することを要求した。

　メキシコのカンクンで開催されたCOP16/CMP6は、当初の期待値が低かったことと、コペンハーゲンでの多国間主義交渉に対する信頼の失墜回復のために細心の注意を払った主催国メキシコの議長の辛抱強さと議事進行の手腕もあり、予想以上に交渉が進展した。もちろん、京都議定書以降の法的拘束力のある国際協力の枠組みの在り方や第2約束期間についての合意などは、南アフリカのダーバンで開催のCOP17/CMP7に先送りされた。しかし、REDD＋を含むその他の多くの事柄に関しては一定の合意が形成された。以下、COP16でのREDD＋の主な合意点について、森林保全や生物多様性保全に関心のある環境NGOの視座を参考にして、若干の考察を加えてこの節の結びとしたい。

　国連気候変動枠組条約（UNFCCC）下の長期的協力行動のための特別作業部会（AWG-LCA）で討議してきたREDD＋に関するCOP16での合意内容は、前文2段落と本文の段落68～79からなるものである[26]。その主な内容は、REDD＋活動によるGHGs排出削減の実効性の確保、資金問題そして他のレジームとの間の相乗効果（コベネフィット）あるいは阻害効果を防ぐ（セーフガード）にまとめられる。

　森林の減少・劣化を抑制するためにはその原因を特定しなければならない[27]。

環境 NGO［気候行動ネットワーク（CAN）、WWF、熱帯林行動ネットワーク（RAN）］は、この傾向に歯止めをかけるためには、途上国のみならず先進国の活動に対しても森林の減少・劣化の原因究明を求めてきた。これに対して、COP16 で採択された AWG-LCA の合意文書では、途上国に森林減少などの原因の特定を求めるとともに（段落 72）、先進国を含むすべての加盟国に対して、人為的な圧力による森林の減少を抑制する有効な方法を見いだすよう奨励している（段落 68）。森林減少抑制事業区域以外で森林減少が発生しないように、また、REDD＋活動（段落 70）による GHG 排出削減増減の基準（算定方法や国・地域・事業区などの適用地域設定）に関して、CAN や WWF は可能な限り国家単位のものに依拠することを主張してきた。前者に関しては、合意文書の付録 I（c）に、「国家によって実施されるもの」(Be country-driven) で「加盟国で利用できる選択を考慮して」と規定するのみである。後者の排出基準レベル[28]（段落 71（b））と監視と報告（段落 71（c））に関しては、国家単位のものに加え、暫定的に地域単位のものも認めている。しかし、実際にどのように REDD＋ による排出削減量を測定するのかという方法については、SBSTA にその開発を要請するのみであった。さらに、REDD＋活動の実効性を確保するためには、排出削減の測定、報告そして検証が不可欠である。合意文書では、REDD＋事業の成果に基づいた活動に関しては、十分に測定、報告そして検証されるべきである（段落 73）、ということになっている。

　次に、資金問題についての合意内容や課題について簡単に触れておこう。資金メカニズムに関して、市場型にするか非市場型あるいは両者の混合型にするかの決定は、COP17 の AWG-LCA まで先送りされた（段落 77）。市場メカニズム導入に関しては環境 NGO 間で意見の違いがあり、CAN などは、セーフガード制度の整備が整う段階まで導入を見合わせる必要がある、という考えである。それに対して、市場メカニズム導入は、先進国が途上国から購入する REDD＋クレジットによって自国内での温室効果ガス増加を相殺（オフセット）できることと、また、土地の価格の高騰や買い占めなどを引き起こすので、地球の友や FERN[29] などの環境 NGO はその導入に反対している。市場メカニズム導入と不可分の問題である、REDD＋のクレジットによる先進国

第3章 生物多様性レジームと気候変動レジームの連結―持続可能で有機的なネクサスの模索― 55

の排出量オフセットを認めるか否かに関しては、地球の友や FERN は、オフセットによって先進国の自国内での削減努力を回避する抜け穴になるので反対する一方、WWF や CAN は最終段階においてはクレジットによるオフセットを認める考えである。ちなみに、COP16 での AWG-LCA の最終合意文書はオフセットには言及していない。この点では、先進国と途上国の間でのさらなる交渉が必要である。

　異なったレジーム間に生じる恐れのある阻害的効果の抑制についてはどうであろうか。つまり、REDD＋の活動が生物多様性レジームなどの他のレジームに悪影響を与えないようにするためのセーフガードが、COP16 ではどのように位置づけられ、その内容や遵守状況の監視については、どこまで踏み込んでいるのだろうか。AWG-LCA の合意文書では、主権を尊重しつつ、REDD＋活動実施に際して付録Ⅰの第2段落に掲げられているセーフガード関連項目を尊重してそれに取り組むことを「促進しかつ支持するべきである」という表現になっている［本文段落71（d）］。セーフガードの位置づけに関しては、REDD＋活動が国の森林計画と関連する国際条約や協定の目標を補完するあるいはそれと矛盾しないこと［Annex I 段落2（a）］、国の法令や主権を考慮に入れた、透明で有効な国家森林管理構造［I-2（b）］、種々の国際法を考慮に入れて、先住民や地域共同体の構成員の知識や権利を尊重すること［I-2（c）］、そして、関係するすべてのステークホルダー、特に、先住民や地域の共同体の十分かつ効果的な活動参加［I-2（d）］を促進しかつ支持するべき、となっている。

　セーフガードの内容に関しては、REDD＋活動が自然林と生物多様性の保全と矛盾しないことを保障することを要求している。そしてさらに踏み込んで、REDD＋の活動が、自然林とその生態系サーヴィスを保全することや他の社会的かつ環境上の利益の増進を奨励するように活用されることを謳っている［I-2（e）］。また、セーフガードに関するモニタリングである。しかし、CAN や WWF などの環境 NGO は MRV 制度の設定を要求していたが、合意文書では、セーフガードへの取り組み状況に関する情報提供制度の設定［段落71（d）］という内容にとどまっている。

以上が、主な環境 NGO の視点から COP16 で合意された REDD＋の内容についての若干の考察である。全体の評価に関して 2 ～ 3 点指摘しておきたい。第 1 に、REDD＋活動の促進のために市場メカニズムを導入するかどうか、また、先進国のオフセットを容認するかどうか、という根本的な問題についての結論が先送りされている。第 2 に、比較的大きくて歴史の長い環境保護団体や国際的環境ネットワーク（WWF や CAN など）が、市場メカニズムの導入や先進国のオフセットを容認する傾向にあるのに対して、比較的新しくかつ草の根的要素の強い環境保護団体（FERN や地球の友など）は両方とも反対している。最後に、セーフガードの位置づけや内容を見る限り、REDD＋の活動が自然林の保全や生物多様性レジームの目的達成を阻害しないようにすること、また、森林に依拠して暮らしている先住民や地域住民の権利を尊重する必要性を指摘している点などは、一定の評価を与えてよい内容になっている。ただし、実施の段階でどれほど REDD＋活動が GHG 排出削減に貢献するのか、どの程度自然林が保全され、先住民らの権利が擁護されるとともに、かれらの積極的な森林のガバナンスへの参与が確保されるのか、監視・報告・検証の体制の整備とともに、今後とも引き続き注視していかねばならないだろう。

4. 生物多様性レジームにおける気候変動問題

（1）気候変動問題が生物多様性レジーム内の交渉議題に上った経緯

　気候変動レジームの交渉において、REDD＋と同程度に、生物多様性の保全問題そのものが正式議題として討議されることはこれまでほとんどなかった。それとは対照的に、生物多様性レジームでは気候変動の影響が早い時期から公式の議題として取り扱われてきた。すでに 2000 年 5 月、ナイロビで開催された COP5 において、気候変動によるリスク、とりわけサンゴ礁に与えるリスク（COP5 Decision V/3）と森林の生態系に与えるリスク（COP5 Decision V/4）について議論された[30]。また、この決定を受け、生物多様性条約（CBD）下の科学技術助言補助機関（SBSTTA）は、2001 年に、アドホック技術専門

家グループ（AHTEG）を設立して、生物多様性と気候変動の間の相互連関の評価を実施した。

2004年のクアラルンプールでのCOP7で採択された決定（COP7 Decision VII/15）は、CBD加盟国が、異常気象に対する回復力を維持し、また、気候変動の緩和と適応の助けとなるように生態系を管理する施策をとるように奨励した。この決定に従って、SBSTTAは、砂漠化や土地の荒廃を阻止する活動や生物多様性の保全や持続可能な利用を含む、気候変動に取り組む活動の間の相乗効果を促進するような助言や指針を提供することを要求された。また、この目的を果たすために、COP7の決定は、UNFCCCや国連砂漠化防止条約（UNCCD）に対してCBDと協働するように要請した[31]。

2006年のブラジルのクリティバで開催されたCOP8は、気候変動への対応に関連するあらゆる国内政策、プログラムならびに計画において総合的な生物多様性に対する配慮と、気候変動への適応に役立つ生物多様性保全活動の実施のための手段を早急に開発することの重要性を強調した。また、COP8は、UNFCCC、UNCCDそしてCSDの事務局、加盟国ならびに関係諸団体によって互いに協力し合える活動を特定する必要性について特に言及した（COP8 Decision VIII/30）。

2008年のボンで開催のCOP9では、第2期の生物多様性と気候変動に関するアドホック技術専門家グループ（AHTEG）が設立された。目的は、UNFCCCのバリ行動計画（Decision 1/CP.13）と気候変動の影響、脆弱性そして適応についてのナイロビ・プログラムの実施における相乗効果をさらに高めるように、生物多様性に関して科学的そして技術的な助言をまとめ上げることであった[32]。

以上のような経緯を経て、2010年10月にCOP10が名古屋で開催された。生物多様性と気候変動に関する議題は、ABSに関する議定書、生物多様性保全戦略そして資金問題などのCOP10の主要議題と同様に、熱い議論を呼び起こした。その中でも特に、「気候トロイカ」と称されたREDD＋、バイオ燃料、ジオエンジニアリング[33]問題に注目が集まった[34]。しかし、最終決定の段階では、バイオ燃料に関してはその他の実質的な問題として扱われた。その代わ

りに、CBDと他のリオ条約との関連性の文脈において気候変動レジームとの関係について討議された。以下、COP10で議論となったこれらの4つの課題を中心に、気候変動問題が生物多様性レジーム内においてどのように取り扱われたかを簡単に跡付けてみる。

（2） REDD＋に関する討議の概要とCOP10決定の主な内容
1） REDD＋に関する討議の概要

COP10開催期間中のREDD＋に関する議論を南北対立などのような単純な対立軸では捉えきれない。アフリカン・グループ、パキスタン、インドネシア、タイ、日本、スイス、ロシア、マレーシアそしてグリーンピースや生物多様性に関する国際先住民フォーラム（IIFB）は、生物多様性のセーフガードおよびREDD＋の生物多様性への影響を監視するメカニズムについての議論に貢献するよう事務局に要求した。他方、コスタリカ、モーリシャス、東ティモール、ネパールは、事務局が、締約国との協議を通して、また、要請に応じて、REDD＋に関する助言を提供する機会を探求する方が良い、と提起した。他の政府代表は、「生物多様性のセーフガード」という文言はUNFCCCの下では合意されていないと指摘して、これに言及することに対して懸念を表明し、進行中のUNFCCC交渉をそこなわないよう注意を促した。エコシステム・気候連合（ECA）は、生物多様性セーフガードは先進国に適用される京都議定書の土地利用条項には存在していないと指摘した。ノルウェーは、森林に関する協同パートナーシップ（CPF）に、REDD＋を含む生態系アプローチによる気候変動緩和の生物多様性への影響を監視するのに役立つメカニズムを評価するよう要請することを提案した[35]。

2） REDD＋に関するCOP10の決定

REDD＋に関しては、COP10では次のような決定がなされた。まず、生物多様性条約（事務局）は、「UNFCCCでの今後の決定に優先することなく」、COP11での承認に向けて、他のフォーラム（国連森林フォーラム）や他の条約（UNFCCC）などと協力して、生物多様性関連のセーフガードの適用も含め、加盟国との有効な協議と先住民および地元のコミュニティー（ILC）の参

加に基づいて、REDD＋の諸活動がCBDの目的に矛盾することなく、生物多様性への悪影響を回避し、便益を向上させるような助言を提供することを要請された[36]。同様に、「UNFCCCでの今後の決議内容に優先することなく」、REDD＋活動の排出削減がCBDの目的の達成に対する貢献度を評価する指標を特定することと、これらの活動やその他の気候変動緩和策のための生態系に基づいたアプローチからの生物多様性への影響を監視し得るメカニズムを評価することなどを、COP10はCBD事務局に要請した[37]。

（3）バイオ燃料に関する討議の概要とCOP10決定の主な内容
1）バイオ燃料に関する討議の概要

バイオ燃料は、エネルギーの安全保障、地域社会の経済的発展さらには気候変動の緩和に貢献し得るものである。しかし、トウモロコシやサトウキビなどの食糧作物から抽出される「第1世代バイオ燃料」は、生物多様性への悪影響を与える森林減少や土地利用の変化をもたらす可能性が高い。また、そのライフサイクル全体からみると「現在のバイオ燃料生産は温室効果ガスの排出削減になっていない可能性がある」[38]。したがって、バイオ燃料の生産と消費の拡大は、生物多様性と気候変動レジーム双方にとって悪影響を与えかねない。

こうした認識に基づきCOP10では、生物多様性の価値が高い地域、危機的な生態系およびILCにとって重要な地域の目録を作成しようという呼びかけが検討された。そうした討議の中で、「国で認められた」生物多様性の価値の高い地域あるいは「国の目録」、「立ち入り禁止区域」に言及するかどうかが議論され、NGO代表は、集約度が低くかつ小規模バイオ燃料生産地域も特定するプロセスを構築することが重要だと指摘した。また、バイオ燃料用穀物生産に加えて飼料用作物の生産等について言及するどうかなども討議された[39]。

その外、バイオ燃料の生産に関連した検討事項と土地利用、水、その他の関連政策および戦略の策定および実施などについて議論された。また、土地および水の利用に対する直接・間接的変更や生物多様性に対する直接・間接的影響および関連する社会経済的な留意事項について討議された。さらに、CBD実施に関連して、社会経済的条件や土地保有の保証、資源に関する諸権利につい

て討議された[40]。

2）バイオ燃料に関するCOP決定

①生物多様性保全策の実施に際して、特に、先住民および地元のコミュニティー（ILC）への影響に関係する、バイオ燃料の生産・利用の生物多様性への影響が、食糧やエネルギー安全保障ならびに土地保有や水を含む資源へのアクセス権に関わる社会経済状況にプラスおよびマイナスの影響を与えうることを認識する（段落2）。②政府や関連機関に対し、生物多様性の価値が高い地域や生命に不可欠な生態系の地域、およびILCにとって重要な地域などを特定するための国別インベントリを策定し［第7段落（a）］、必要に応じて、バイオ燃料の生産のために生態系が使われるのか除外するのか、という地域の評価および特定を行うよう奨励［段落7（a）］。③事務局に対して、生物多様性に関連するバイオ燃料の生産・利用が、その全ライフサイクルを通して他の燃料のそれと比べた場合に、直接的、間接的に生物多様性に与える影響および社会経済状況に影響を及ぼす生物多様性に与える影響を評価するために利用可能な基準や手法を含む自主的利用のためのツールに関する情報を収集、分析、要約することを求めている［段落11（a）］。さらに、④締約国やその他の政府に対して、バイオ燃料生産のための改変された生物（遺伝子組換え生物に同じ）の導入と利用およびに合成の生物・細胞・ゲノムを環境中に放つことを停止する国内法に従って、締約国の権利について認知しつつ、合成の生物・細胞・ゲノムの野外の環境中への放出に対する予防的アプローチを適用するよう強く要求している（段落16）[41]。

（4）ジオエンジニアリングに関する討議の概要とCOP10決定の主な内容
1）ジオエンジニアリングに関する討議の概要

地球工学的な技術を利用して大規模に気候変動緩和をはかろうとするのが、ジオエンジニアリングであり、SBSTTAでもCOPでも多くの論争を呼んだ。ジオエンジニアリングとしては、養分の少ない海洋に人為的に栄養分を投入して大気中のCO_2を吸収させるとか（例えば、海洋に鉄を散布して光合成を促進させる）、硝酸塩エアロゾルを成層圏あるいは対流圏へ放出して大規模な大

気放射バランスを操作して(大気上空のエアロゾルが太陽光の反射を増やすことで入射エネルギーを減らすことによって)地球の気温を下げる方法などが挙げられる[42]。AHTEGの第2報告書は、こうしたジオエンジニアリングの気候変動緩和策としては効果が低いという認識が広まり、生物多様性ならびに生態系に与える影響も不明である、と結論付けている[43]。

ジオエンジニアリングに関しては、ツバル、フィリピン、コスタリカ、アフリカン・グループ、スイスなどやグリーンピース、生態系気候連盟とETCグループは、十分な科学的根拠によって証明され、関連リスクが検討されるまでは、いかなるジオエンジニアリングも受けいれられない、と主張した。フィリピンは、ジオエンジニアリングに関するグローバルで透明性のある規制的枠組みが早急に必要であるという文言を文書に挿入することを提案した。ブラジルは、小規模かつ国家管轄内の科学的活動を認めるよう提案した。日本は、特定のジオエンジニアリング的活動は生物多様性と気候変動にとって有益であると指摘した。ロシアは、ジオエンジニアリングに関する文言削除を要請した。その他、ジオエンジニアリングの定義やその理解、この工学的アプローチの採用までの猶予期間や、科学的調査のための例外規定などについて討議された[44]。

2) ジオエンジニアリングに関するCOP10決定

COP決定は、気候変動に対する緩和と適応に貢献しつつも、生物多様性と生態系サーヴィスを持続可能な形で利用するための指針を締約国および各国政府などが考慮するよう促している[段落8 (a)-(z)][45]。その中に、ジオエンジニアリングの項も含まれる。まず、「生物多様性と気候変動に関わる海洋の肥沃化に関する決定(IX/16 C)[46]に沿って、また、科学に基づいた地球規模の透明かつ効果的なジオエンジニアリングのための管理規制メカニズムが存在していないこと、そして、予防原則とCBD第14条に則して」[47]ジオエンジニアリングの利用が考慮される必要があるという認識が示される。その上で、加盟国や各国政府等は、「生物多様性に影響を与えるかもしれない気候(変動問題)に関連したジオエンジニアリング的活動が、それを正当化できるのに十分な科学的根拠があり、関連する環境、生物多様性および関連する社会経済的影響についての適切な検討が行われるようになるまでは、CBD第3条(自国

資源の開発の主権的権利と責任原則）に則して、規制された状況下で実施される小規模な科学調査研究を除き、また、特定の科学的データの収集が必要である場合で、徹底した事前の潜在的な環境影響評価を条件にする場合以外は、生物多様性に影響するような気候変動関連のジオエンジニアリング的活動が行われないことを保証」することを求められた。

（5）リオ条約間の協力に関する討議の概要とCOP10決定の主な内容
1）リオ条約間の協力に関する討議の概要

　国際環境レジーム間の相互連関を最も明瞭に示すことができるのが、異なったレジーム間の情報交換、合同科学調査、合同作業、あるいは事務局間協力関係の構築である。したがって、リオ条約（CBD、UNFCCC、UNCCD）間の協力関係構築は、レジーム間の効率性を高めることによって、相乗効果的に各々のレジームさらには環境ガバナンス全体の有効性を高める機会を多く提供するものと期待される。

　リオ条約間の協力に関しては、中国は、専門知識と各条約の権限の独立性を尊重する必要性を強調して、リオ条約間の共同作業計画に反対した。他方、メキシコ、ツバル、モーリシャス、スイス、コスタリカ、そしてグリーンピースなどは、他のリオ条約に合同の活動や作業計画案を伝えるよう、CBDに要請することに賛成した。フィリピン、コロンビア、南アフリカ、パプアニューギニア、インドそしてブラジルは、合同の活動や合同の作業計画の実施の適切性を締約国が検討することを提案する方が良い、という考えを示した。他の数カ国の締約国は、UNFCCCはすでに多くの議題を抱えすぎている、という懸念を表明した。結局、加盟国の代表は、合同活動計画への言及を取りやめ、事務局が行動活動案を他のリオ条約に伝達するように、事務局に要請するにとどめた。また、2012年開催予定の持続可能な開発に関する国連会議（リオ＋20）の議題設定に関して、リオ＋20準備委員会事務局と協議しつつ、UNFCCCとUNCCDのCOPとの協働作業を行うことをCBDの事務局に依頼し、その結果を各リオ条約のCOPに提出することに合意した[48]。

2）リオ条約間の協力に関する COP10 決定

　COP10 は、互いの独立性と権限の違いや異なる加盟国を認識しつつ、3つのリオ条約（CBD、UNFCCC、UNCCD）間の重複を避けて効率化をはかり、特に、途上国が各々の COP 決定を実施できる能力を高めることができるように、リオ条約間の合同活動策提案を各事務局に伝達するよう要請し［段落13 (a)］、UNFCCC ならびに UNCCD の COP には合同連絡グループを通じて、以下に関して事務局と連絡をはかるように奨励している。すなわち、①気候変動、生物多様性、土地劣化に関連する合同の活動の要素ならびに COP9 の決定に含まれる気候変動の緩和・適応に対する生態系に基づいたアプローチの検討（IX/16）[49]、②ILC の参加も含め、合同の活動可能性を検討するリオ条約間の合同準備会合の実施可能性の探究、③2012 年の持続可能な開発に関する国連会議準備委員会事務局との協議を通して、リオ＋20 との関連で準備作業をどのように活用するかを検討すること、④中心となる議題に関して、国レベルと（あるいは）下部組織レベルの会合を招集する可能性を探求すること、などである（段落13）[50]。

5. おわりに

　本章の生物多様性レジームと気候変動レジームの制度的連関に関する考察は、国際的なレベルに限られ、しかも、各々の条約締約国会議での政府間交渉の内容に限定されたものである。したがって、これらのレジームがお互いに良い影響を与え合って相乗効果を生み出しているのか、あるいはその反対に阻害的な効果を生み出しているのか、という問いに対して、断定的な答えを引き出すことはできない。しかし、限られた範囲についてではあるが、少なくとも以下のようなことは指摘できる。まず、気候変動レジームでは生物多様性の保全問題が包括的に扱われておらず、UNFCCC 下での REDD＋の討議に集約されているということである。次に、REDD＋の活動が気候変動の緩和と生物多様性の保全の目的を同時に満たすあるいはそれ以上の成果を上げるか（相乗効

果）どうか、ということは定かではないということである。本文で触れたように、実施の段階でどれほどREDD＋活動がGHG排出削減に貢献するのか、どの程度自然林そして生物多様性を保全できるのか（セーフガード）、先住民らの権利の擁護と積極的な森林のガバナンスへの参与は確保できるのか、監視・報告・検証の体制の整備が不可欠である。そうならなければ、森林の炭素吸収サーヴィスのみに着目して、他の森林の生態系サーヴィス、例えば、地域気候の緩和作用や動植物のための生息地の提供などのサーヴィスが見過ごされるおそれがある。さらに、REDD＋クレジットが先進国の削減義務の回避を助長するようになれば（オフセットの問題）、相乗効果をうみだす可能性は弱まる。

　生物多様性レジームでは、気候変動問題との関連性が早くから認識され、締約国会議などで「生物多様性と気候変動」の議題―REDD＋、ジオエンジニアリング、リオ条約間の協力―とバイオ燃料が設定されている。気候変動レジームと同様に、REDD＋が大きく取り上げられたが、その内容については、UNFCCCとも協力して、先住民および地元のコミュニティー（ILC）らの参加も得て、REDD＋の諸活動がCBDの目的に矛盾することなく、生物多様性への悪影響を回避し、便益を向上させるような助言を提供することにとどまっている。その際、UNFCCCでの今後の決定に優先しないという条件付きであるので、気候変動レジーム内での決定に大いに左右されることになる。バイオ燃料に関しては、特に、第１世代のバイオ燃料の生産と消費の拡大は、生物多様性と気候変動レジームの目的を達成する上で悪影響を与えかねない、という認識が共有されている。バイオ燃料の生産・利用は、食糧やエネルギー安全保障ならびに土地保有や水を含む資源へのアクセス権に関わる社会経済状況などへの影響評価も含めて、生物多様性への影響評価を包括的に行うことが求められた。また、生物多様性の価値が高い地域や生命に不可欠な生態系の地域、およびILCにとって重要な地域などを特定するための国別インベントリを策定することを締約国らに求めているが、こうしたことが確実に実施されるかどうかの保証はない。

　壮大な気候変動緩和策であるジオエンジニアリングに関しては、CBDの締約国は非常に慎重な判断を下した。まだ、気候変動緩和策としての効果や生物

多様性への影響が不明である上に、国際的規模での透明かつ効果的な管理体制も整備されていないことから、COP10は、生物多様性への影響がないことが確実で小規模の科学的調査研究以外は、ジオエンジニアリング活動を認めないことを決定した。最後に、リオ条約（CBD、UNFCCC、UNCCD）間の協力関係構築に関しては、合同の活動を策定する段階にはまだない。とはいうものの、気候変動緩和・適応策、生物多様性の保全策そして砂漠化や土地の劣化防止策がレジーム横断的かつ総合的に実施されれば、レジームの相乗効果は計り知れないほど高まり、各々のレジームさらには環境ガバナンス全体の有効性を高めるにちがいない。リオ＋20そしてさらにその先の持続可能な人類の発展に向けて、リオ条約間の実質的な協力体制構築を期待したい。

【注】
1) Eric C. Myers, "Policies to Reduce Emissions from Deforestation and Degradation (REDD) in Tropical Forests: An Examination of the Issues Facing the Incorporation of REDD into Market-based Climate Policies," *Discussion Paper*, RFF DP 07-50, Resources for the Future, 2007, p. 1.
2) IPCC, *Assessment Report 4: Synthesis Report, Intergovernmental Panel on Climate Change*, Geneva: IPCC, 2007.
3) Myers, op. cit., p. 3.
4) Myers, op. cit., p. 18.
5) Till Pistorius, Christine B. Schmitt, D. Benick, and S. Entenman, "Greening REDD+: Challenge and Opportunity for Forest Biodiversity Conservation," *Policy Paper*, Institute of Forest and Environmental Policy (IFP), University of Freiburg, 2010, p.3.
6) Pistorius et al., op. cit., p. 1.
7) 以上の提案に関しては、UNFCCC, "Report on the Second Workshop on Reducing Emission from Deforestation in Developing Countries," SBSTA, FCCC/SBSTA/2007/3, p.18 を参照。
8) COP13の決定のバリ行動計画（"Bali Action Plan"）の第1段落の（b）項の（iii）、UNFCCC, Distr., GENERAL, FCCC/CP/2007 /6/Add.1, p. 3.
9) 途上国でのREDDに関するCOP13の決定（Decision 2/CP.13, FCCC/CP/2007 /6/Add.1, p. 8)。
10) The International Institute for Sustainable Development (IISD), *Earth Negotiations*

Bulletin (*ENB*), SB 30, Vol. 12 No. 241, June 2009, pp. 15-6.
11) Arild Angelsen ed., *Realising REDD+: National Strategy and Policy Options*, the Center for International Forestry Research (CIFOR), Denmark, 2009, pp. 107-118 と Leo Peskett and Pius Yanda, "The REDD+ Outlook: How Different Interests Shape the Future," Overseas Development Institute (ODI), Background Note, December 2009, pp. 1-2 を参照。
12) Harold D. Laswell, *Politics: who gets what, when, how* (New York: McGraw-Hill Book Company, 1936).
13) IISD, *ENB*, op. cit. pp. 7-8.
14) Peskett and Yanda, op. cit., p. 2.
15) IISD, *ENB*, op. cit. pp. 7.
16) Peskett and Yanda, op. cit., p. 2 と IISD, *ENB*, op. cit., pp. 7-8 を参照。
17) IISD, *ENB*, op. cit., pp. 7-8。ただし、ノルウェーは化石燃料の輸出国であることを記しておく。
18) Peskett and Yanda, op. cit., p. 2.
19) The American Clean Energy and Security Act of 2009 (ACES Act), H.R. 2454.
20) H.R. 2454 の "Offsets" in Section 722 (Prohibition of Excess Emissions) の条項。
21) H.R. 2454 の Sec. 753 (Supplemental Emissions Reductions through Reduced Deforestation) と Sec. 781 (Allocation of Allowances for Supplemental Reductions) の条項。
22) IISD, *ENB*, op. cit. pp. 7-8.
23) コンサベーション・インターナショナル (CI)、環境防衛基金 (Environmental Defense Fund: EDF)、自然資源防衛委員会 (Natural Resources Defense Council: NRDC)、レインフォレスト・アライアンス、ザ・ネイチャー・コンサーバンシー (TNC)、憂慮する科学者同盟 (Union of Concerned Scientists: UCS)、ワイルドライフ・コンサベーション・ソサエティー、ウッズ・ホール・リサーチ・センター、「REDD+と生態学的コベネフィット」、2010年3月。
http://www.conservation.org/Documents/Joint_Climate_Policy_Positions/Key_Issues_for_REDDplus_Policy_Agenda_2010_Japanese.pdf (2011年1月19日検索)
24) Thomas Sikor, Johannes Stahl, Thomas Enters, Jesse C. Ribot, Neera Singh, William D. Sunderlin, and LiniWollenberg, "REDD-plus, Forest People's Rights and Nested Climate Governance,"Forthcoming in *Global Environmental Change*, Vol. 20, No. 3. 2010 と Angelsen, op. cit., pp. 113-6 を参照。
25) Peskett and Yanda, op. cit., p. 3.
26) Draft decision-/CP.16 "Outcome of the work of the Ad Hoc Working Group on

long-term Cooperative Action under the Convention."
27) 以下、特段の断りがない限り、Draft decision-/CP.16 と FoE Japan（地球の友）の「途上国の森林減少および森林劣化に由来する温室効果ガス排出抑制（REDD＋）」（2010年12月27日）を参照（http://www.foejapan.org/forest/sink/101227.html）を参照。
28) 合意文書では、"A national forest reference emission level and/or forest level" という表現になっている。
29) FERN は1995年に設立されたヨーロッパの環境 NGO で、EU の森林政策ならびに森林に依拠している人々の権利擁護などを中心に活動する団体で、正式名は Forests and the European Union Resource Network (http://www.fern.org) である。（2011年1月20日検索）
30) 以下に続く、生物多様性レジームにおける気候変動問題との相互連関についての討議の経緯については、生物多様性条約（CBD）のインターネット上のホームページを参照した。(http://www.cbd.int/climate/bnackground.stml)（2010年12月6日検索）
31) 2006年に、生物多様性と気候変動への適応に関するアドホック技術専門家グループが技術的報告書を作成した（Technical Series No. 25）。
32) 最終報告書は2009年に発表された（Technical Series No. 41）。
33) 地球工学と訳すことができようが、明確な定義ならびにその活動内容が定まっていないのと、生物多様性と気候変動に関するアドホック技術専門家グループ（AHTEG）の第2回会合報告書の邦訳でカタカナ表記が使用されているので、ジオエンジニアリングとした。
34) IISD, *ENB*, Vol. 9 Nov. 539, October 25, 2010.
35) IISD, "COP 10 Final," *ENB*, Vol. 9, No. 544, p. 20 を参照。
36) 以上は、COP10で採択された生物多様性と気候変動に関する決定であり、段落9 (g) 項の内の要約（UNEP/CBD/COP/DEC/X/33, 29 October 2010, p.6）。
37) 第9段落 (h)、前掲書。
38) AHTEG の第2報告書「生物多様性と気候変動緩和策・適応策の連携」（CBD 事務局 2009, p. 10）
39) IISD, *ENB*, Vol. 9, No. 541, p. 4 を参照。
40) IISD, op. sit.
41) ここでは、"urge" という表現が使用されている。
42) AHTEG の第2報告書、前掲書、p. 10 と杉山昌広「ジオエンジニアリング概説」社会経済研究所、*SERC Discussion Paper*, SERC0918（2009年）を参照。
43) AHTEG の第2報告書、前掲書、p. 10。
44) 以上の内容については、IISD, *ENB*, Vol. 9, No. 544, pp. 19-20 を参照。
45) UNEP/CBD/COP/DEC/X/33 内の段落。
46) CBD の COP9 における、CO_2 隔離のための鉄分による大規模な海洋の肥沃化は、現段

階の知識のレベルからは正当化されない、といった決定がなされた（UNEP/CBD/DEC/IX/16, 9 October 2008）。
47) 生物多様性条約の第14条は、生物多様性への影響の評価および悪影響の最小化について規定している（地球環境法研究会編『地球環境条約集　第4版』中央法規、2003年）。
48) 以上の内容については、IISD, *ENB*, Vol. 9, No. 544, p. 20 を参照。
49) 2008年のCOP9の決定では、現在すでに進んでいる事務局間の情報交換などに加え（付録I）、3つのリオ条約間の相互協力活動あるいは相乗効果について、今後の協力活動領域にも具体的に触れながら（付録II）、気候変動と生物多様性活動の統合や3つのリオ条約の相互支援活動に言及している（UNEP/CBD/COP/DEC/IX/16）。
50) UNEP/CBD/COP/DEC/X/33 を参照。

参考文献

Betsill, Michele M. and Elisabeth Corell, eds. *NGO Diplomacy: The Influence of Nongovernmental Organizations in International Environmental Negotiations*. Cambridge, MA: The MIT Press, 2008.

Chasek, Pamela S., David L. Downie, and Janet Welsh Brown. *Global Environmental Politics*, Fifth Edition. Boulder, CO: Westview Press, 2010.

George, Alexander L. and Andrew Bennett. *Case Studies and Theory Development in the Social Science*. Cambridge, MA: The MIT Press, 2005.

Intergovernmental Panel on Climate Change. Working Group I Contribution to the Fourth Assessment Report (AR4) of the IPCC, *Climate Change 2007: The Physical Science Basis*. Cambridge: Cambridge University Press, 2007.

Lipschutz, Ronnie D. *Global Environmental Politics: Power, Perspectives, and Practice*. Washington, DC: CQ Press, 2004.

Oberthür, Sebastian and Thomas Gehring. *Institutional Interaction in Global Environmental Governance*. Cambridge, MA: The MIT Press, 2006.

Young, Oran R. *International Governance: Protecting the Environment in a Stateless Society*. Ithaca: Cornell University Press, 1994.

―――. *Global Governance: Drawing Insights from the Environmental Experience*. Cambridge, MA: The MIT Press, 1997.

―――. *Governance in World Affairs*. Ithaca: Cornell University Press, 1999.

―――. *The Institutional Dimensions of Environmental Change: Fit, Interplay, and Scale*. Cambridge, MA: The MIT Press, 2002.

フレンチ、ヒラリー『地球環境ガバナンス―グローバル経済主義を超えて』家の光協会、2000年。

毛利勝彦編『環境と開発のためのグローバル秩序』東信堂、2008年。
山本吉宣『国際レジームとガバナンス』有斐閣、2008年。
渡辺昭夫・土山實男編『グローバル・ガヴァナンス―政府なき秩序の模索』東京大学出版会、2001年。

主な国際環境条約事務局のインターネットサイト
　オゾン層保護条約のホームページ（HP）：http://ozone.unep.org
　気候変動枠組条約のHP：http://unfccc.int/2860.php
　生物多様性条約のHP：http://www.biodiv.org
　バーゼル条約のHP：http://www.basel.int
　ワシントン条約のHP：http://www.cites.org
　ラムサール条約のHP：http://www.ramsar.org

4 森林と生物多様性

香坂 玲

1. 時間と空間によって異なる「良い森林」「美しい森林」

　2002年のドイツ鉄道の「国立公園へ行こう」というキャンペーンで登場する1枚の写真がある。この写真はドイツの国立公園で撮影されたものであるが、倒木が美的な風景として表現されている。同じ時期に、ドイツの国立公園の写真コンクールで倒木をモチーフにした写真が金賞をとっていることから、倒木を美しいもの、訪ねていくものとして掲げていくスタイルは、偶然とはいえそうにない。はるか昔から、このような風景を慈しんできたような錯覚さえ起こしそうだ。

　ただ、一昔前の1980年代の森林が倒れた写真というのは、「メルヘンの森での死」というおどろおどろしい題名で、旅行雑誌[1]に取り上げられるなど、酸性雨による森林被害のシンボルでもあった。倒木が美景やレクリエーションのシンボルと考えられるようになったのは、酸性雨の議論以降である。当初は、倒木を放置することに関して、林業や森林科学に携わる人びとも害虫の発生、景観に不似合い、遊び場としての危険性などから、必ずしも一様に賛美されていたわけではない。

　このように四半世紀ほどの歳月で、「酸性雨による殉教死」から、「国立公園の美しいスター」となった倒木。2枚の写真は、時代による認識の相違を見事に表している。環境問題を取り巻く、社会情勢の移り変わりの早さも象徴して

いる[2]。「美しい森」「良い森」というのは、何かすべて本質があって決まっているわけではなく、社会の情勢や世論によって異なってくることが分かる。もちろん、真っ暗ではなく明るい、空気が澄んでいて息苦しくないといった、物理的な条件によって左右される要素もあるが、社会のなかでの環境や資源の捉え方などと、深い関係があることが分かる。

　美しいかどうかの議論に加えて、森林の機能についても、どの要素を強調するかによって政策も当然変わってくる。例えば、木材生産を主眼とするのか、あるいは地球温暖化物質の貯蔵や生物多様性の保全を巡って、フィンランドでは補助金の出し方を変えてきている。具体的には草地、牧草地、落葉樹や広葉樹の森林と、湿地、広域的なつながりの観点から重要と認定された9つのタイプの生態系であれば、環境省に貸し出し、そのまま放置しておくと、収入になる（柿澤 2006）。環境省と20年間貸し出す契約を結ぶと、土地代や立っている木の価値、利率などを考慮して賃貸料が支払われる。重要性が高ければ、国に売却することも選択できる。農林省も、環境省より狭い単位で、泉、ハーブの多い森、渓谷などを10年間借り上げる同様の制度がある。環境省と農林省の補助や借り上げの契約は、互いに補完的になるように工夫されている。特に泥炭地は大量の炭素が固定されていること、また希少種の生息域であることなどから、その保全や再生は気候変動や生物多様性に貢献できることが期待され、環境省も農地や林地を湿地に戻すことを奨励している。しかし、森林所有者の側としては、理屈では分かっても、感情的にわだかまりがないわけではなかった。もともとフィンランドは国土の3分の1が泥炭地であり、排水によって農地や森林を拡大してきた歴史的経緯がある。言い換えると、寒く森林の成長も遅い土地で、湿地を乾かして何とか森林や農地を作ってきた先祖代々への思いがある。「祖先の人びとの苦労を思うと、急に気候変動や生物多様性の為に農地や林地を湿地に戻せと言われても戸惑う」という森林所有者もいる（香坂 2010）。

　フィンランドは北部の森林の多くは国有であり、したがって生態的に重要な区域は保護区に指定すれば済む。だが、南部は72％が私有林であることから、国がトップダウンで指定すれば済む話ではない。しかも、絶滅危惧種はほとん

図4-1　フィンランドにおける泥炭地を改良した森林
（著者撮影）

どが南部に集中している。そのことからも、生物多様性の保全に向けては、森林所有者の自主的な協力が欠かせない。木材による副収入か、あるいは契約を結んで貸し出すかといった経済的な選択肢に加え、先祖への思いと地球環境への配慮で揺れる森林所有者の感情への配慮も欠かせない。

政策的に奨励されている森林は、いつの時代も変わらずに、その理想像は共有されていると思いがちだが、時間や空間によって同じ森林であっても社会や世論の変化によって、そのような森林というものが変わってくることが分かる。

2. 生物多様性条約などにおける森林の議論

(1) 森林の定義—容易ではない森林の定義や関連用語—

さらに根本的なことをいえば、「森林」というのは当たり前に分かりそうな概念でいて、実は定義はそれほど簡単ではない。また森林の定義と関連する概念次第では、お金の動き方が変わってくる可能性もあるということで各国、各プロセスも議論を積み重ねている。実際に、国際条約や国際機関の間でも統一された定義がなかなか作れず、各団体や条約が独自に定義をしたり、議論を行っている。筆者も生物多様性条約の専門家会合において、狭義の科学的な議論の他に、用語の定義の仕方によっては、先住民のグループが自分たちが不利になると反発し留保をしたり、土地利用や管理に踏み込んだ激しい論争が行われることを経験してきた。

このようにプロセスごとに用語の統一や概念が異なることを受けて、国際連合食糧農業機関（FAO）では、各レジームについての森林の認識や用語

の定義についての報告書をまとめている（FAO 2002）。例えば生物多様性条約、FAO が定期的に発行する世界森林資源調査（FRA）、国際熱帯森林機関（ITTO）が「森林の劣化」の定義を（共通で）採択し、「森林の改善」の定義を提案するように呼びかけている。同様に、森林の変化によって引き起こされる生物多様性の変化をきちんとモニタリングできるために、「植林された森林」を通常の森林とは別カテゴリーで検討することを呼び掛けている。

　特に生物多様性と気候変動の双方の影響についての議論は、森林でも生物多様性条約の気候変動の項目でも盛んに行われている。現在は気候変動枠組み条約を中心に、発展途上国における森林の破壊や劣化を回避することで温室効果ガス（二酸化炭素）の排出を削減しようとする REDD（Reduced Emissions from Deforestation and Forest Degradation）が議論となっている。温暖化物質の排出削減に加えて、森林の炭素蓄積量を保全または増加させる活動をレッドプラス（REDD+）として議論している。具体的には持続可能な森林経営、森林の保全、炭素吸収源の向上を示す。さらに低炭素であっても生物多様性に富む場所などについては、REDD++ などとして議論しているが、実はまだ概念や用語の使い方などが十分に統一されていない。特に、森林の劣化や生物多様性などの要素を加味した REDD++ についての資金の流れについても関係してくるだけに、今後の議論の行方に注目が集まる。

（2）CBD のレジームでの扱い

　では過去の生物多様性条約では、どのような議論が行われてきたのか。

　条約が扱う領域は、テーマ領域と横断的テーマ領域に二分される。前者のテーマ領域は、生物群系（バイオーム）ごとに、海洋・沿岸域、森林、内陸水、農業、乾燥地および半湿潤地、山岳、島嶼[3]の7領域あり、それぞれ作業計画が存在する。第2の種類として、全テーマ領域に共通する横断的テーマ領域があり、20項目以上が存在する。必ず作業計画を伴うわけではなく、エコシステム・アプローチ[4]、保護地域、伝統的知識などに限定される。

　さて、森林の作業計画は、沿岸・海洋域と並んで生物多様性条約のなかで早い段階においてすでに議論された。具体的には第2回締約国会議（COP2:

1995 年）で独立した決議が採択されており、海洋・沿岸域と並んで最初に議論されたテーマ領域の1つに数えられる。さらに作業計画の策定も早く、第4回締約会議（COP4: 1998 年）で作業計画が、第6回締約国会議（COP6: 2002 年）では拡大作業計画も採択され、さらに 2008 年5月にドイツで開催される第9回締約国会議（COP9）では詳細検討が行われた（図4-2参照）。特に、COP6 の森林に関する決議は、さまざまな論点と課題の検討を列挙している。1998 年に採択、そして 2002 年に拡大作業計画へと修正されて、6年の期間を経て 2008 年の詳細検討では、まず各国の実施状況の把握した上で、さらに実施の障害となっている要因、克服すべき課題などが専門家会合を経て特定された。また COP の議論だけではなく、さまざまな専門家会合や科学技術助言補助機関（SBSTTA）では科学・技術的な側面についての議論が行われた。

　作業計画は、各国の状況や文脈に応じ、締約国が条約の目的を実行するような政策を立案していく際の参照用資料として、作業計画は活用されるように意図されている。

　拡大作業計画は、計画要素、目標、指針、活動という4段階から構成される。計画要素は3項目あり、各々の計画要素のなかに3から5の目標がある。各目標の下に、27 の指針と 130 の活動があり、他の CBD の作業計画と比較しても詳細なものとなっている。

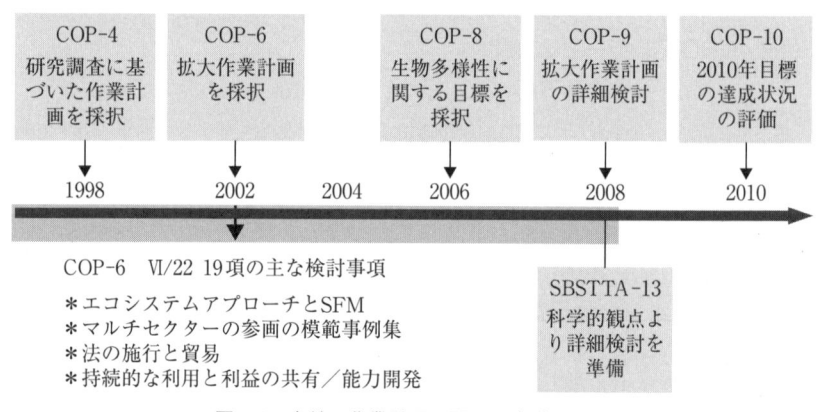

図4-2　森林の作業計画に関する決議の経緯
出典：香坂（2008）を改定

最初の計画要素（以下、計画要素1）は、条約全体の目的を支える内容で、タイトルもそのまま「保全、持続可能な利用、アクセスと利益の配分」である。計画要素2は法律、組織、教育訓練などに関連した「制度的・社会経済的実施環境」、計画要素3は科学技術の発展と改善に関わる「知識、測定、およびモニタリング」となっている。拡大作業計画の概略を表4-1に示す。実際には、目標の下にさらに細かい活動などが列挙されている。

生物多様性条約事務局では、締約国に親しみやすい形で作業計画を普及するために、欧州委員会（EC）の支援を受けながらチラシを準備している。それぞれの計画要素が木の枝として示されている（図4-3）。

ガイドライン・原則と同様に、条約を実施していくためのツールの1つであるが、作業計画は、政府、民間、市民団体など関係団体が実行できる活動のリストにもなっており、ガイドライン等よりも実用的なニュアンスが強い。「このような領域においてこのような活動が推奨される」といった例示式の政策や活動集となっている。例えば、エコシステム・アプローチをすべての森林管理

表4-1　森林の拡大作業計画の概略

計画要素	目標
保全、持続可能な利用、および利益の共有	目標1：すべてのタイプの森林に対するエコシステム・アプローチの適用
	目標2：森林の生物多様性に対する脅威の軽減
	目標3：森林の生物多様性の保護、回復、および再生
	目標4：森林の生物多様性の持続可能な利用の推進
	目標5：森林の遺伝資源に対するアクセスと利益の共有
制度的・社会経済的実施環境	目標1：制度的実施環境の向上
	目標2：森林の生物多様性の減少を招くような意思決定の原因となる、社会経済的失敗・歪曲の是正
	目標3：教育、参加、および関心の向上
知識、測定、およびモニタリング	目標1：森林の生物多様性の現状と変化の測定方法を改善するための森林の区分方法の確立、地球規模から森林生態系規模に至るまでの分析の実施
	目標2：森林の生物多様性の現状と変化の測定方法に関する知見の改善
	目標3：教育、参加、および関心の向上
	目標4：地球規模でのデータベースを開発するとともに、森林の生物多様性をモニタリングするための技術の改善

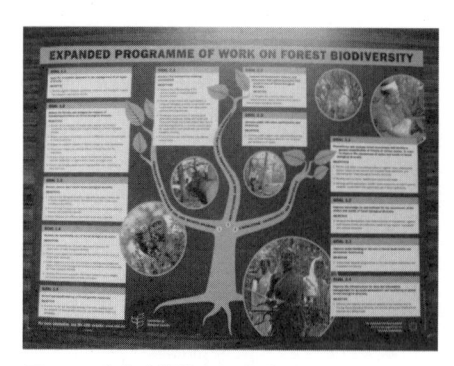

図4-3　生物多様性条約事務局が作成している森林の作業計画図

に適用するために、すべての利害関係者が参画できる適切な仕組みづくりを開発し実施するなどとなっている。

では、実施面で影響を及ぼしているのであろうか。条約の決議のなかでは、作業計画に従って保全や持続可能な利用についての活動が推進されていることが謳われる。ただ、実際には「森林の作業計画があるから、政策が実施され、生物多様性の保全が推進されているわけではなく、もともと必要性や要請に応じて実施している政策に、後から作業計画が出来上がっているに過ぎない」（北欧の政府担当者）など、それが実際に役立っているのかどうかを疑問視する関係者もいるなど、その評価が分かれる。特に内容がかなり包括的になっているので、後述する2010年目標やポスト2010年目標である愛知目標と同様に、環境や森林に関わる活動をしていれば、どこかで当てはまる項目が出てくる性質がある。それを政府内の財務省や他省庁、あるいはドナーに対して、「生物多様性条約の森林の作業計画のこの要素に該当するので活動は重要だ」（英国の関係者）との交渉のためのレバレッジのためのツールと位置付ける向きもある。

実際の進捗状況について、122カ国からの国別報告書を基礎として2007年に開催された科学技術助言補助機関（SBSTTA）で議論が行われた。最も進捗が進んでいる項目も、遅れている項目も、双方が計画要素1の「保全、持続可能な利用、アクセスと利益の配分」に含まれていることが明らかとなった（図4-4参照）。

最も出遅れていたのは、目標1-1「すべてのタイプの森林に対するエコシステム・アプローチの適用」で、約半数の締約国（60カ国）が未適用としており、木材生産とエコシステム・アプローチを両立させることに締約国が苦戦している様子が明らかとなった。目標1-1の低さは際立っており、国際制度

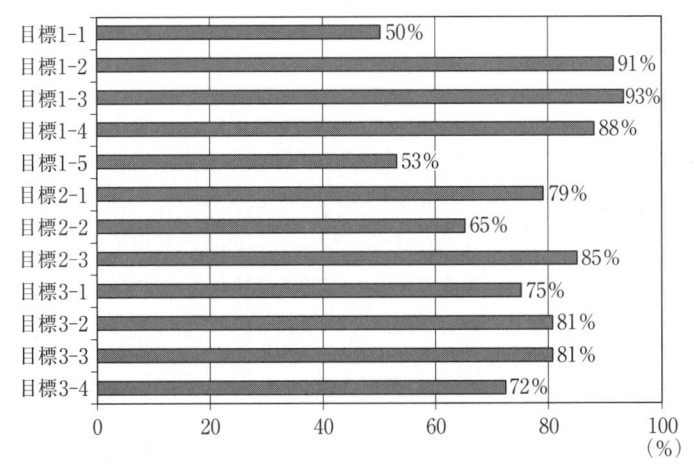

図4-4 森林の生物多様性に関する拡大作業計画の目標達成に向けた実施に取り組んでいる締約国の割合
出典：SCBD（2007）および 簑原（2010）

目標	割合
目標1-1	50%
目標1-2	91%
目標1-3	93%
目標1-4	88%
目標1-5	53%
目標2-1	79%
目標2-2	65%
目標2-3	85%
目標3-1	75%
目標3-2	81%
目標3-3	81%
目標3-4	72%

の議論が紛糾しがちであった目標1-5の「森林の遺伝資源に対するアクセスと利益の共有」よりも低くなっている（目標1-5は49カ国が未適用と答えた）。

専門家会合の議論を通じて、農業・鉱業など他のセクターに広がりを持つことの重要性が目標1-1などでは重要となることが確認され、他にも先住民の土地の権利、森林認証の普及、気候変動との相関についての基礎情報が不足していることなどが指摘された。

実際の詳細検討では、今後に向けた課題は確認されたものの、計画要素の変更等など中身の変更は行われなかった。全体として、今後とも各国で実施を促していくことの重要性を確認した。

3. COP10 の議論と今後の展開

(1) 2010年目標の失敗

　COP9 や COP10 での森林の議論や 2020 年の目標について議論を行う前に、森林分野を含む生物多様性条約全体で、2010 年に向けた目標である 2010 年目標というものが掲げられ、失敗したという経緯に触れなければならない。2010年目標とは、「2010 年までに生物多様性の損失速度を顕著に減少させるという目標」となっている。条約誕生からちょうど 10 年経過した 2002 年、オランダのハーグで当時の条約締約国の 180 以上の国々が同意した。南アフリカ共和国のヨハネスブルクで開催された持続可能な開発に関する世界首脳会議（WSSD）でも実施計画に盛り込まれ、2010 年目標は 2002 年以来、広く国際的に承認され、活動が行われてきた。「損失速度を顕著に減少させる」という表現は、「目にみえる形で悪化傾向にブレーキを」などと言い換えられて説明されることもあったが、生物多様性の把握や定量化が難しいことといった科学的な議論と、資源への制約を警戒する思惑などから数値目標とはなっていなかった。さらに、目標の文章には「貧困の緩和と地球上のすべての生命のために」という文言がついており、発展途上国の生活水準、人間の福祉にも貢献することが意図されていることである。

　このように、人間以外の生命のためにも、また発展途上国地域を含む人間のためにも貢献するように意図され、2002 年から活動をしてきたにも関わらず、結論として達成はできなかった。2006 年段階において、ミレニアム生態系評価（MEA）を中心としたデータをもとに、すでに地球の生物多様性の動向を示す白書と位置づけられる「地球規模生物多様性概況第 2 版」（GBO2）で目標の達成が危ぶまれた（SCBD 2006）。そして、COP10 の開催を前にして、2010 年 5 月の第 14 回目となる SBSTTA において、「地球規模生物多様性概況第 3 版」（GBO3）が発表されると、傾向、そして改善された点などが報告されたが、目標が達成できなかったことも結論づけられた（SCBD 2010）。その裏付けとなったのは、各国際機関の報告書や Science 誌に掲載された科学者

の論文（Butchart et al. 2010）であった。この論文では、さまざまな生物多様性と生態系サービスに関わる指数も取り入れながら、生物多様性への圧力、状態、対策のそれぞれの領域での指数を分析し、全体として悪化傾向が続いていることを報告している。

なぜ、達成できなかったのかという点について、GBO3 の整理と、COP10 での今後の道筋について比較を行うと表 4-2 のようになる。

森林に関わる議論においても、意思決定の細分化（生産、炭素、生物多様性の細分化）や国際プロセスなどが統一されていないこと、報告書のフォーマットが統一されていないことなどが締約国の間で負担となっていると問題視されている。また、科学的な情報が十分に政策や COP の議論で活かされてこなかったという反省もある。過去には MEA などの大規模な調査が行なわれたが、その継続性やフォローアップも十分ではなく、一過性になってしまう懸念も出ている。例えば、国内であれば、科学者からも今回の COP10 に向けた MEA のフォローアップとして里山・里海のサブ・グローバル評価（里山里海 SGA）として、日本の里山・里海評価（2010）が環境省と国連大学等を中心として発表された。このような動きの背景には、本来は科学的な議論をすべき SBSTTA が、COP の前の政治交渉の前交渉の「ミニ・コップ」と揶揄されてしまう現状が関係者でも憂慮されている危機感がある（Koetz et al. 2008）。SBSTTA の変革と生物多様性と生態系サービスに関する政府間科学政策プ

表 4-2 地球規模生物多様性概況第 3 版（GBO3）が指摘した課題と COP10 での対処

課題	COP10 での議論
人的・技術的な能力不足・課題	愛知目標技術移転・能力訓練関連の決議 生物多様性日本基金の拠出
科学的な情報へのアクセス	IPBES の設置 SBSTTA の改善 愛知目標（特に目標 19）
意識の欠如主流化の欠如	愛知目標（特に目標 1, 4, 18）国連生物多様性の 10 年などの啓発活動
意思決定の細分化 （省庁間のコミュニケーションの課題）	愛知目標（特に目標 2, 17） 国家戦略、貧困緩和策関連の決議
経済評価の欠如	TEEB　愛知目標（特に目標 19）

出典：GBO3（p.7）などをもとに筆者が作成

ラットフォーム（IPBES）の設置に向けて、国内外で科学者が積極的な情報発信やインプットの重要性が認識されつつある。特にIPBESという新たな組織の設置が国連組織の肥大化に留まるのではなく、不確実性の高い生物多様性や生態系サービスの動向についての情報の整理、シナリオの評価が問われることとなろう。

　次にTEEBの経済評価では、森林からの生態系サービスが失われることによるコストや便益を試算している。例えば、熱帯雨林を中心に地球規模で森林が失われるコストが年間1兆3,500億ユーロから3兆1,000億ユーロに上るといった試算や、豪州のキャンベラにおける植林・街路樹の大気の浄化・気温調整の便益の金額（2,000〜6,700万米ドル）を引用している。森林や植林の経済価値の換算が、省庁間のコミュニケーションに役立つように意図されている。またTEEBでは自然資源の価値を国会の会計システムに組み込むように提言しているが、ただし、実際にどこまで意思決定の細分化や科学—政策の対話として機能していくのか、注目される。COP10では、グローバルな試算と地域での成功事例の共有が行われた。さらに都道府県や市町村などの自治体にとっての情報もTEEBでは示されており、COP10と並行して開催された国際自治体会議でも経済的手法が議論となった。

　また、IPBESの科学と政策の議論、TEEBの経済の評価に加えて、一般の啓発や主流化、そして、一般の方々と政策や科学のコミュニケーションでは、報道やメディアの役割も重要となる。報道についても会議の開催前と後で、「いきもの会議」から「駆け引き」へという大きな分断があった（香坂 2011）。日本の廃れていない美しい里山、伝統工芸、地域での保全や植樹活動、住民による侵略的な外来種の駆除、環境教育などの報道が当初は多かったが、ところが、いざ会議が始まると、やや牧歌的ともいえる内容は後退し、実際の締約国の会議では先進国と発展途上国の駆け引きが大部分となった。COP10以降の課題としては、地道ながら、どのような科学と政策の議論が行われているのかについても、さまざまな報道を通じて議論を広めていくことが重要となろう。

（2） 愛知目標の設定

　2010年目標が達成できなかった反省を踏まえ、条約の3つの目標である、保全と持続可能な領域とABSの体制などでの進捗を促していくために、今回「愛知目標」が設定された。愛知目標は、2010年以降の目標年として、主に2020年（一部2015年や2050年の長期目標もあり）に向けて、条約の3目標のすべてをカバーしながら、20項目から構成される（表4-1参照）。全体としては、「2020年までに生態系サービスが弾力性を備え、継続的にそのサービスが提供されることを確保するため、生物多様性の損失を止める緊急かつ効果的な行動をとる」として、2020年という期限を決め、いくつかの数値目標を含めて、具体的で進捗状況が図れるように工夫されている。工夫として、愛知目標の指標は、特色の頭文字をとってSMART、つまり、明確（Specific）、測定可能（Measurable）、意欲的（Ambitious）、現実的（Realistic）、期限設定（Time-bound）な指標で進捗を図っていくことが打ち出されている。

　なかでも注目を集めたのが目標11と目標20であった。陸地については17％、海域については10％を保全していくことなどを定めた。生物多様性関連の資金援助についても増量していくことを約束したが、例えば政府開発援助（ODA）を10倍・100倍、あるいは具体的な金額数百から数千億ドルを拠出する（ブラジル主張）といった数値は取り下げられた。ただし、資金援助についての数値目標が事務局の原案に入っていたことからも分かるように、発展途上国を中心として、資金・技術の援助についての要望は、会議の間も繰り返し出された。

　愛知目標は、主に関係するセクター別の課題の箇所もあれば、生態系タイプごとに読み込めるものもある。例えば、企業や農協など、民間セクターにより関係してくる目標としては、目標4「遅くとも2020年までに、政府、ビジネスおよびあらゆるレベルの関係者が、持続可能な生産および消費のための計画を達成するための行動を行い、またはそのための計画を実施しており、また自然資源の利用の影響を生態学的限界の十分安全な範囲内に抑える」などが挙げられる。現在でも、持続可能な生産については、法的な規制、自社や業界団体による自主的な規定、第三者の認証などさまざまな形態が模索されているが、

表 4-3　愛知目標の概要

目標 1	遅くとも 2020 年までに、生物多様性の価値と、それを保全し持続可能に利用するために可能な行動を、人びとが認識する。
目標 2	遅くとも 2020 年までに、生物多様性の価値が、国と地方の開発・貧困解消のための戦略および計画プロセスに統合され、適切な場合には国家勘定、また報告制度に組み込まれている。
目標 3	遅くとも 2020 年までに、国内の社会経済状況を考慮に入れて、生物多様性に有害な補助金を含む奨励措置が廃止され、段階的に廃止され、または負の影響を最小化または回避するために改革され、また、条約と関連する国際的な義務に整合する形で生物多様性の保全および持続可能な利用のための正の奨励措置が策定され、適用される。
目標 4	遅くとも 2020 年までに、政府、ビジネスおよびあらゆるレベルの関係者が、持続可能な生産および消費のための計画を達成するための行動を行い、またはそのための計画を実施しており、また自然資源の利用の影響を生態学的限界の十分安全な範囲内に抑える。
目標 5	2020 年までに、森林を含む自然生息地の損失の速度が少なくとも半減、また可能な場合には零に近づき、また、それらの生息地の劣化と分断が顕著に減少する。
目標 6	2020 年までに、すべての魚類、無脊椎動物の資源と水性植物が持続的かつ法律に沿って管理、収穫され、生態系を基盤とするアプローチを適用し、それによって過剰漁獲を避け、絶滅危惧種や脆弱な生態系に対する漁業の影響が、生態学的限界の安全な範囲内に抑えられる。
目標 7	2020 年までに、農業、養殖業、林業が行われる地域が、生物多様性の保全を確保するよう持続的に管理される。
目標 8	2020 年までに、過剰栄養などによる汚染が、生態系機能と生物多様性に有害とならない水準まで抑えられる。
目標 9	2020 年までに、侵略的外来種とその定着経路が特定され、優先順位付けられ、優先度の高い種が制御されまたは根絶される、また、侵略的外来種の導入と定着経路を管理するための対策が講じられる。
目標 10	2015 年までに、気候変動または海洋酸性化により影響を受けるサンゴ礁その他の脆弱な生態系について、その生態系を悪化させる複合的な人為的圧力を最小化し、その健全性と機能を維持する。
目標 11	2020 年までに、少なくとも陸域および内陸水域の 17%、また沿岸域・海域の 10%、特に、生物多様性と生態系サービスに特別に重要な地域が、効果的、衡平に管理された、かつ生態学的に代表性の良く連結された保護地域システムやその他の効果的な地域をベースとする手段を通じて保全され、また、より広域の陸上景観または海洋景観に統合される。
目標 12	2020 年までに、既知の絶滅危惧種の絶滅および減少が防止され、また特に減少している種に対する保全状況の維持や改善が達成される。
目標 13	2020 年までに、社会経済的、文化的に貴重な種を含む作物、家畜およびその野生近縁種の遺伝子の多様性が維持され、その遺伝資源の流出を最小化し、遺伝子の多様性を保護するための戦略が策定され、実施される。
目標 14	2020 年までに、生態系が水に関連するものを含む基本的なサービスを提供し、人の健康、生活、福利に貢献し、回復および保全され、その際には女性、先住民、地域社会、貧困層および弱者のニーズが考慮される。
目標 15	2020 年までに、劣化した生態系の少なくとも 15%以上の回復を含む生態系の保全と回復を通じ、生態系の回復力および二酸化炭素の貯蔵に対する生物多様性の貢献が強化され、それが気候変動の緩和と適応および砂漠化対処に貢献する。

目標 16	2015年までに、遺伝資源へのアクセスとその利用から生ずる利益の公正かつ衡平な配分に関する名古屋議定書が、国内法制度に従って施行され、運用される。
目標 17	2020年までに、各締約国が、効果的で、参加型の改訂生物多様性国家戦略および行動計画を策定し、政策手段として採用し、実施している。
目標 18	2020年までに、生物多様性とその慣習的な持続可能な利用に関連して、先住民と地域社会の伝統的知識、工夫、慣行が、国内法と関連する国際的義務に従って尊重され、生物多様性条約とその作業計画および横断的事項の実施において、先住民と地域社会の完全かつ効果的な参加のもとに、あらゆるレベルで、完全に認識され、主流化される。
目標 19	2020年までに、生物多様性、その価値や機能、その現状や傾向、その損失の結果に関連する知識、科学的基礎および技術が改善され、広く共有され、適用される。
目標 20	少なくとも2020年までに、2011年から2020年までの戦略計画の効果的実施のための、すべての資金源からの、また資金動員戦略における統合、合意されたプロセスに基づく資金資源動員が、現在のレベルから顕著に増加すべきである。この目標は、締約国により策定、報告される資源のニーズアセスメントによって変更される必要がある。

そのような取り組みをより一層促している。加えて目標の6や7でも、土地利用、農林業、漁業などに関わるセクターが直接関係する内容について目標の設定があり、自分のセクターや関連が深い生態系に適用した場合にどのような活動が必要となってくるのかを、各セクターや地域が取り組んでいくことを意図して、愛知目標はデザインされている。また、次節にあるよう、目標の5は森林に深い関わりがある。

（3）COP9とCOP10での森林の議論

COP9では、COP6から継続審議となっていた野生動物の食肉用狩猟の評価などについての報告書を発行した。また、関連する決議として、において、それぞれ食肉用狩猟と貿易や目的外の種への悪影響と、法の施行のガバナンスの強化などが締約国に対する要請として行われている。

その他にも、科学や保全に関わる領域では、森林の生物多様性に関わるモニタリング、調査と報告を改善することアグロフォレストリーの国際的な調査結果を活用することになって農業と森林の双方の生物多様性に貢献することや気候変動が森林の生態系にもたらす悪影響を抑えるために、国際森林研究機関連合（IUFRO）が中心となって行う科学技術に関わるイニシアティブのなかで気候変動に関する議論を行っていくことを支持した。

生物多様性条約やその他の国際プロセスと整合性があり、木材や非木材の持続可能な森林経営から得られた製品や流通を推進する森林認証などの市場を使った自主的な取り組みの潜在的な役割を認識するように要請している。

さらに、遺伝子組換え樹木についての潜在的な影響等に関わる要請となっている。リスク評価の基準の開発を推進していくこと、生物多様性の持続可能な利用への全体的な影響についての科学的な証拠に基づいて条約の事務局長がクリアリングハウスメカニズムという条約の情報交換の仕組みで提供することなどを決めている。その他にも、社会や経済への影響の必要性と、各締約国の国内の法律によって遺伝子組換え樹木の環境への放出を停止できることの確認などを行っている。

また、SBSTTA13から継続して議論されてきた、大規模で生産用のエネルギー生産のためのバイオ燃料の生産に伴う否定的な直接・間接の影響についても取り組んでいくことの必要性について締約国などに対処するように勧めている。このようにCOP6から継続審議となっていた食肉用狩猟の問題、違法伐採の問題、さらにCOP8でその影響について報告するように要請された、遺伝子組換え樹木の影響についての包括的な決議が行われており、詳細検討の一定の成果を上げていることが分かる。

以上の議論から、新規の課題としてバイオ燃料や気候変動との関連性についても言及があり、その後のCOP10以降の展開について予見させる決議があった。

COP10では、COP6とCOP9において、森林の生物多様性は詳細に検討される項目であったので、COP10では集中的に取り上げる項目とはならなかった。

しかし、生物多様性条約と国連森林フォーラム（UNFF）の事務局が連携していくことを歓迎し、支持する決議がなされ、課題となっている概念やプロセスをバラバラではなく合わせていく方向性が打ち出されている。なかでも、気候変動と森林の生物多様性が国家戦略や国家森林計画などに反映できるのかという能力開発の重要性、森林の景観の再生に関するグローバルパートナーシップでの連携、そして、森林に関する協調パートナーシップ（CPF）のな

かの森林の報告の円滑化（ストリームライン）のためのタスクフォースにおいて、生物多様性条約とUNFFの事務局が連携していくことが確認されている。特に、最後のタスクフォースでは、各プロセスごとに概念や評価の時期がずれてしまっていることから、同タスクフォースでは、各国が国連に報告書を提出するタイミングなどを統一したり、FRAなどの世界規模での報告書の向上のための生物多様性を含む概念やデータについての議論が進行している。このような生物多様性条約とUNFFの連携に比べると、気候変動枠組み条約との連携はまだ具体性に欠ける側面もあり、共通のパビリオンの運営や決議文書のなかでの協調の呼び掛けなどが行われてきた。

　愛知目標について森林関係であれば、目標の5が重要となることは既に述べた。具体的には、「2020年までに、森林を含む自然生息地の損失の速度が少なくとも半減、また可能な場合には零に近づき、また、それらの生息地の劣化と分断が顕著に減少する」はすべての生態系について言及している。ただし、わざわざ「森林を含む」という文言があるのは、そこで議論が巻き起こった形跡でもある。COP10が開幕する前のSBSTTAや原案の段階では、森林の損失面積の2015年までの半減、さらには熱帯雨林を含む天然林の損失を食い止めるといった、より具体的で森林に特化した野心的なアイディアも関係者で出たが、水面下を含めて各国で交渉した結果「森林を含む」という文言に落ち着いた経緯がある。この森林を含むという文言でさえ、最終日まで会議のなかで削除せよという声も出ていたほど、交渉された文言となっている。プロセス、条約は異なるものの、これで2010年12月に向けたメキシコ・カンクンの気候変動枠組み条約の第16回締約国会議に向けた1つのシグナルになったと歓迎する声も非政府組織のなかにあった。

　また、森林とは別の決議でバイオ燃料について議論が行なわれた。本章では詳述はしなかったが、ドイツ政府は生物多様性条約第9回締約国会議（COP9）で、初めて取り上げられたバイオ燃料と生物多様性について、COP10でも継続して議論できたことを歓迎している。製品のガイドラインを含むバイオ燃料の一般的な持続可能性の基準を進展させ、採択することを課題として挙げている。今後も、生物多様性条約での議題としてバイオ燃料の議題を挙げ続けるこ

とと、バイオ燃料の領域の主役は国連気候変動枠組条約、および世界貿易機関（WTO）と考えられ、量プロセスに影響力を与え続けることとしている。そして、ドイツ政府の観点から見れば、締約国は、バイオ燃料の生産に不適切な、生物多様性の価値が高く生態系の危機に瀕している地域を特定し、同様にバイオ燃料の生産に特に適した地域を特定した、国家による調査の進展を促進したことが、とりわけ重要だとしている。このように、気候変動の交渉（あるいはWTO）に対して影響力を及ぼす布石として、生物多様性条約での議論を位置づけている姿勢は、各条約の関係を考える上で重要となろう。

　国内の生態系サービスの状況については、日本の里山・里海評価（2010）が環境省と国連大学等を中心として発表された。日本での里山などの生態系サービスに関する科学的な知見の集積が行われた。モザイク構造が里山・里海のランドスケープの特色であること、その一方で地域社会の高齢化と過疎化などによって利用が行われなくなることで、間伐、下草、あるいは光の管理などの森林管理が低下するアンダーユースの問題が指摘されている。そのことにより、生態系サービスと回復力が低下していることに懸念が表明され、共同管理などの総合的な介入や新たな「コモンズ」の創設の必要性が訴えられている。生態系サービスに関わる科学的な知見の集積は国内だけではなく、南アフリカや東南アジアでも進行中である。今後は、IPBESなどでも、森林分野の生物多様性と気候変動との相互作用、観測ネットワークなど科学の分野を科学的な成果をどのように活かしていくのかという議論のなかで、日本の科学者も（発展途上国を含む）国際協力と情報発信が求められており、技術やノウハウの移転など科学技術の外交戦略が急務となる。そして、COPでは、その科学的な統計やデータ、生態系サービスの定量化や経済評価と科学者からの勧告を踏まえながら、地域社会での貧困層への配慮など、公平性や倫理性も加味して政策交渉が行われるように意図されている。

4. まとめ—COP10の成果と今後の展望—

　最後に、今回のCOP10の全体の成果は何だったのか。COP10支援実行委員会のアドバイザーや環境省、経済産業省などの委員会に携わった経験から振り返ってみたい。

　まず締約国の交渉の成果という意味では、最初1週間の10月11〜15日には、カルタヘナ議定書についての第5回締約国会議では17の決議が、10月18〜29日は47の決議がそれぞれ採択されている。全体の決議のなかでも、主要な成果として、2010年以降の目標である愛知目標、遺伝資源へのアクセスと利益配分についての名古屋議定書が誕生したことであろう。報道では、ABSについての名古屋議定書の難航にばかり注目が集まるような報道が目立った。ただ、その名古屋議定書の発効を含み、幅広く保全や持続可能な利用についての内容を含む「愛知目標」に合意しているということも、今後の実施局面では非常に重要な一歩となっている。また、規模のうえでは、179の締約国の代表と1万3,000人以上が参加した。参加者の上でも条約の歴史上、最大級の生物多様性条約の締約国会議であった。

　このように世界規模での保全、持続可能な利用、利益の配分に関する名古屋議定書や愛知目標が採択された意義は大きく、まずは各国も歓迎している。

　ただし、今後は、各国、地域での活動が促されると同時に、名古屋の名前がついた議定書が発効しても改定を含む交渉は続き、そして2020年には愛知目標のその達成が問われるということを忘れてはならない。また、COP10では今後のスケジュールに関わる決議もあった。例えば、今後の10年を国際生物多様性の10年とするように国連総会に呼び掛けていくこと、IPBESの設置に向けた議論の前進を歓迎することなどが決議された。IPBESについては、日独政府が連携して、各国に設置に向けた働きかけを行ってきた。さらに2011年は国際森林年や国連生物多様性の10年の幕開け、2012年は生物多様性条約のインドにおけるCOP11、グリーン経済などについて議論が予定されるRio+20（リオ・プラス・トエンティ）と呼ばれる持続可能な発展に関する国

表 4-4　今後の主な予定

年	生物多様性に関わる主な予定
2011	名古屋議定書署名開始　国連の国際森林年　IPBES の設立等
2012	名古屋議定書発効　インド COP11　　ブラジル　Rio+20（UNCSD）
2014	持続発展教育（ESD）の 10 年の閉幕
2015	ミレニアム開発目標（MDG）の評価
〜	日本の G8 の議長国の順番など
2020	愛知目標の評価　国連の国際生物多様性の 10 年の閉幕

連会議（UNCSD）もある。さらに 2014 年は国連持続可能な開発のための教育（ESD）の 10 年の終幕、2015 年のミレニアム開発目標の評価を通じて発展途上国での課題などがクローズアップされ、2020 年の愛知目標へとつなげていくという全体の流れを念頭に置く必要があり、各時点で生物多様性の取り組みの進捗が問われる。

　内容面で評価されているポイントとしては、保全の領域と同じく主要な目的と位置付けられている、持続可能な利用と ABS の領域において、バランス良く成果が見られたということであろう。これまでの会合であれば、発展途上国での保護区の設置など、保全に関わるテーマで比較的進展があったのに対し、ABS の議定書、そして里山の議論など人の利用を含めた議論ができたことは重要となる。多くの国々がこの点を評価している。例えば、ドイツ連邦環境省のホームページでは、資金、保全や持続可能な利用についての 2020 年に向けた目標の設定、そして ABS の領域で進展があったことを評価して「名古屋で突破口（ブレークスルー）が開かれた」と報告している[5]。ただし、課題も残っている。保全や掲げる目標のための具体的な資金については、増やしていくことは同意に至ったものの、具体的な議論については次回のインドで開催される COP11 に持ち越されている。

　また、日本にとっても 1 つ成果がある。過去の生物多様性の COP では日本政府は、発言の回数はそれほど多くなかった。また発言の内容についても、政府代表団が各省庁から上がってくる、マイナスな影響がありそうな項目についてチェックを行い、その項目について修正や変更を求めるというスタイルが目立っていた。日本は条約のコアの予算（通常の予算）の最大の拠出国である

が、特別なイニシアティブや提言よりも、ドナーとして粛々とチェックや予算や決議の方向の妥当性や現実性について議論をする役回りが多かった。「もの静かなチェック役」から、今回のCOP10では、2020年に向けた目標、議定書の内容など「ルールづくり」でも手腕を発揮したことは国内外で評価を得た。もちろん、作業部会などの会議の開催費の拠出など、予算面での貢献もあったが、日本の製造業や輸出品の強みとして「ものづくり」に加えて、国際的な「ルールづくり」である議定書として取りまとめ行くことができた。

　日本の課題は何か。直近では、今回新たに決まった目標に合わせて国家戦略を改定すること、あるいは新法の地域における多様な主体の連携による生物多様性保全のための活動推進法案（里地里山法）、ABSの議定書などへの対処が国内では急がれる。2020年に向けて、愛知目標の達成状況が評価されるとともに、足元として日本の行動が問われる。

　また、国際社会に対しては、日本は、生物多様性日本基金において十億円という総額を掲げて、資金の協力を表明している。また日本政府独自のイニシアティブとして、伝統的な知識と科学的な知識を融合させていくSATOYAMAイニシアティブを発足させ、実施する機関として「SATOYAMAイニシアティブ国際パートナーシップ」も発足している。今後は里山イニシアティブを含め、日本政府はさまざまな形で海外との連携を深めていく予定だ。その際には現場での活動を踏まえながらフィールドの研究者、経済学などの社会科学の指摘もとり入れて実施が行われていくことが重要となろう（松村・香坂 2010）。生物多様性日本基金について、環境省では、その施策の効果として、途上国での人材育成、調査体制の整備、科学的知見の集積、地域単位でのグループセミナーの開催、国連機関、NGO等との協働も図り広範な途上国支援体制の確立を目指し、主に発展途上国での活動の実施を推進していくこととしている。その活動を通じて、国際的なリーダーシップの発揮を可能とすることとしており、今後はそれがどのように戦略的に使われていくのか、国民的な関心を起こせるようなプロセスでその分配や重点項目について議論し、コミュニケーションしていくことが質を高める上で重要となる。

＊本章の 1.1. は森林環境 2006（森林文化協会）3.3 と IV は『地球研叢書　暮らしのなかの生物多様性』（仮）（昭和堂）に発表した原稿に加筆したものとなっている。

【注】

1) Merian 誌「フライブルク特集号」1986 年 7 月号。
2) 歴史的な経緯については、香坂（2006）を参照のこと。
3) 島嶼の作業計画については、新たなバイオームとしての作業計画というよりは、島嶼諸国が利用しやすいように、既存の海洋・沿岸域、森林、内陸水などから必要な要素のみを抽出して編集したパッケージとしての性格が強い。ただ、最新の作業計画ということもあり、2010 年目標の枠組みに沿った目標（target）が作業計画のなかに組みこまれるなど、条約全体の議論との整合性も確保されている（決議 VIII/I 附属書 E）。
4) エコシステム・アプローチとは、生態系の動向を厳密に予測することは難しく、変化は避けて通ることができないという前提で、住民参加型で柔軟な資源管理を行おうとする手法である。従来の専門家主導で事前に数ヵ年の計画を立てて厳密に管理していこうとする手法と対比される。
5) ドイツ連邦環境省 BMU ホームページ。http://www.bmu.de/english/nature/convention_on_biological_diversity/doc/46720.php 2011 年 1 月 15 日アクセス。

参考文献

Butchart, Stuart H. M, et al. "Global Biodiversity: Indicators of Recent Declines." *Science.* 328, no. 5982（2010）: 1164-1168.

FAO. Proceedings: Second Expert Meeting on Harmonizing Forest-related Definitions for Use by Various Stakeholders. Rome: FAO, 2002.

Koetz, Thomas, et al. "The role of the Subsidiary Body on Scientific, Technical and Technological Advice to the Convention on Biological Diversity as Science-policy Interface." *Environmental Science & Policy* 11, 6（2008）: 505-516.

Kohsaka, Ryo, D. Coates, and K. Noonan-Mooney. "Implementation of a global protected forest area network under the CBD. In Schmitt, C. B. et al. eds., *A Global Network of Forest Protected Areas under the CBD*. Remagen: Verlag Kessel, 2007. pp. 95-98.

McGraw, D. M. "The CBD: Key Characteristics and Implications for Implementation." *Reciel* 11, 1（2002）: 17-28.

Secretariat of the Convention on Biological Diversity（SCBD）. *Global Biodiversity Outlook 2*（GBO2）. Montreal: SCBD, 2006.

―――. In-Depth Review of the Expanded Programme of Work on Forest Biological Diversity UNEP/CBD/SBSTTA/13/3, 2007.

―――. *Global Biodiversity Outlook 3*（GBO3）. Montreal: SCBD, 2010.

Siebenhüner, Bernd. "Administrator of global biodiversity: the secretariat of the convention on biological diversity." *Biodiversity and Conservation* 16, 1（2007）: 259-274.

Spangenberg, Joachim H. "Biodiversity pressures and the driving forces behind." *Ecological Economics* 61, 1（2007）: 146-158.

柿澤宏昭「5.3 フィンランドにおける森林政策の転換と地域森林認証制度」畠山武道・柿澤宏昭編『生物多様性保全と環境政策──先進国の政策と事例に学ぶ』北海道大学出版会、2006年、277～315頁。

香坂玲「『いきもの』から『駆け引き』へ：報道のギャップはなぜ生じたのか」『新聞研究』714、2011年、16～19頁。

香坂玲「政治化する酸性雨という物語：欧州諸国とドイツで」『森林環境』2006年、40～48頁。

香坂玲「生物多様性条約における森林の拡大作業計画」『日本林学会誌』90:2、2008年、116～120頁。

香坂玲「フィンランド国」林政総合調査研究所・東京農業大学『諸外国における生物多様性の保全を目的とした森林・林業政策の推進方向並びに公的関与に関する分析』平成21年度林業基本対策推進事業研究課題報告書、2010年、31～49頁。

香坂玲・蓑原茜「環境条約と科学諮問機関の役割：生物多様性条約とワシントン条約（CITES）の事例から」『椙山人間学研究』第5号、2010年、65～77頁。

日本の里山・里海評価『里山・里海の生態系と人間の福利：日本の社会生態学的生産ランドスケープ─概要版─』国際連合大学、2010年。

松村正治・香坂玲「生物多様性・里山の研究動向から考える　人間─自然系の環境社会学（研究動向）」『環境社会学研究』Vol. 16、2008年、179～196頁。

蓑原茜「生物多様性条約締約国会議レビュー」林政総合調査研究所・東京農業大学『諸外国における生物多様性の保全を目的とした森林・林業政策の推進方向並びに公的関与に関する分析』平成21年度林業基本対策推進事業研究課題報告書、2010年、5～17頁。

5 農業から見た生物多様性と水

佐久間智子

1. 農地開発と生態系の破壊

　はじめに、農業が生態系に与えている影響の規模を、農業によって占有されている土地面積の大きさから考えてみる。世界には、牧草地と耕作地を合わせて 48 億 8,400 万 ha の農地があり、農地は陸地全体（148 億 8,900 万 ha）の 3 分の 1 を占めている。当然ながら、陸地には砂漠化の影響を受けているとされる 36 億 ha（1991 年の数値）や、広大な氷雪原、山岳地帯など農地に向かない広大な地域が含まれている。したがって、農地開発は気候にある程度恵まれ、水資源へのアクセスがある、限られた土地で行われるため、たいていは既存の森林や草地を浸食することになる。

　現在ある農地のうち、7 割が牧草地であり（33 億 5,700 万 ha）、残りの 3 割が耕作地である（15 億 2,700 万 ha）。耕作地の 47% が穀物の生産に使われており（7 億 1,200 万 ha）、17% が油糧種子の生産に使われている（2 億 6,000 万 ha）。すなわち、穀物と油糧種子の生産だけで、耕作地の 3 分の 2 を占めている（以上すべて 2008 年の数値[1]）。

　耕作地の総面積は、過去半世紀の間にあまり増加していない。1961〜63 年の時点の耕作地面積は 12 億 ha、うち穀物生産面積が 6 億 5,000 万 ha である。したがって、穀物生産面積を比較すると、数値の上では過去半世紀に 1 割増えたに過ぎない。だが、実際には、都市開発などによる農地の減少に加え、過度

な灌漑による塩類集積、あるいは農化学品の多投による土壌劣化、風雨による劣化などで荒廃した農地が放棄され、代わりに生物多様性が豊かな草地や森林などが農地に転換されてきている。荒廃し放棄された農地を考慮に入れれば、農地の合計はもっと大きいことになる。実際、耕作地面積は、もっとも大きかった 1981 年には 7 億 3,000 万 ha にまで達していた。

　世界銀行によれば、世界で耕作地面積は 1990 ～ 2005 年に途上国地域で毎年 550 万 ha の割合で拡大している。（世界全体では、工業国と経済移行国で耕作地が減少していることから、差し引き後の増加ペースは年 270 万 ha に留まる）。特に耕作地の拡大が顕著なのは、サハラ以南アフリカやラテンアメリカ、東南アジアなどの国々であるという。また、拡大要因の半分は油糧種子（大豆・ナタネ・ヒマワリ・オイルパーム）であり、その他の要因としてトウモロコシ、コメなどの穀物、およびサトウキビなどの糖料作物、加えて植林などが挙げられている（Deininger et al. 2011）。

　一方で、世界では、1990 ～ 2005 年に熱帯林が 1 億 5,000 万 ha 以上減少した[2]。例えば、アマゾンには地球上の生物資源の約半分が生息するとされ、実際、6 万種の植物、1,000 種の鳥類、300 種以上のほ乳類が生息していると推計されている。そうした生物種の 98％が未だ明らかとなっていないなか、アマゾンの森林は 1970 年以降の 40 年間に総面積の 18％が失われており、1990 代に 1,634 万 ha、2000 ～ 08 年には 1,680 万 ha の森林が消失している[3]。要因の 6 ～ 7 割は、マホガニーなどの木材伐採後の土地で行われる牧畜であるとされる。しかし、2000 年代に入ってアマゾン周辺地域で急速に増えている大豆生産が、牧畜を周辺地域からアマゾンに追いやっていることが、もう 1 つの大きな要因とされている[4]。

　また、やはり生物多様性の宝庫とされるインドネシアでは、過去半世紀の間に 6,000 万 ha 以上の森林が消失し、その大半がゴムやパーム油などの大規模プランテーションに転換されている。

2. 農地劣化と水系の破壊

　農地開発が必要とされる背景には、1つには前述した通り、既存の農地が土壌劣化などによって使用できなくなっている問題がある。

　例えば、放牧が問題を引き起こしている。伝統的に放牧が行われてきた地域は、他の農業を行うには降雨量や土壌栄養分が不十分である場合が多い。かつては、土地を劣化させず永続的に利用するために、こうした土地では粗放的な放牧や遊牧が行われてきた。放牧できるエリアが狭くなったことや、より多くの家畜を飼育することが優先されるようになったことなどが、過放牧の状態を生み出している。そもそも降雨量が少ない土地で過放牧が行われれば、草地は不毛な土地になる。

　焼き畑においても同様のことが起きている。かつては広範囲を移動する形で行われてきた伝統的な焼き畑は、土壌栄養分が乏しい熱帯において環境に適合した永続的な農法だった。しかし、森林が縮小し、大規模農園などが増える中、焼き畑農業もまた、以前よりも狭いエリアで繰り返されるようになり、今や森林破壊の主因の1つとなった（井上 1995）。

　農業が引き起こしている水問題も深刻だ。例えば、天水だけで農業を行うことができない地域で、あるいは、大規模な単一作物栽培を行う近代的な農業を行うために、灌漑による地下水のくみ上げが、土壌に塩類が集積する結果をもたらしている。世界では、この半世紀に灌漑農地の面積は3倍近く増えており、これまでに整備された灌漑農地の5分の1に相当する6,000万haが、地下水の過剰なくみ上げなどによって塩類集積が進み、すでに耕作が不可能になっている。

　特に、乾燥地や半乾燥地における農業は、太古の地殻変動によって地中の奥深くに閉じ込められた海水（化石水）を地下水としてくみ上げて利用している場合も少なくない。化石水は、雨水によって補給される地下水と違い、再生不可能な「枯渇性」の資源であり、そうした水源に依存する農業はそもそも持続可能ではない。化石水に頼る農業では、くみ上げ続けることで地下水面が下が

れば、塩分濃度の高い水の層に到達してしまい、化石水が枯渇する以前に、農地への塩類集積という問題が生じる。

周辺の河川や湖沼から大量の取水を行う大規模な農業が水源を枯渇させ、周辺の農地が使い物にならなくなった事例も多い。良く知られているのは、綿花栽培のためにアラル海に流れ込む河川から大量の取水が続けられたことにより、世界第4位の内陸湖だったアラル海の規模が4分の1ほどに縮小し、かつては海だったために汽水をたたえていたアラル海において、湖水の塩分濃度が大きく上昇した例だろう。この例では、周辺の農業は壊滅、チョウザメをはじめとする湖の生物が犠牲となった。また、湖の水域の縮小にともない降雨量も激減したため、灌木や果樹が生い茂っていた広大なエリアが不毛化した。

パキスタンでは、インダス川上流で、主に輸出向けのコメや小麦を生産する大規模な農業が河川水を大量に利用している。灌漑用水を確保するためのダムが無数に築かれたことで下流域に十分な水が流れなくなったことは、下流域の水生生物に影響を与えるとともに、河口付近の農地が海水による浸食を受ける結果をもたらしている。インダス川も、北米のリオグランデ川も、過去半世紀の間に流量が半分以下になっており、その主因が農業である。中国の黄河では、1972年に始めて断流現象が起き、以後2000年までに20回以上も断流現象が生じている（Frérot 2009）。

20世紀の100年間で世界の湿地の50%が失われたとされるが、その主因も農業である。1985年の時点で、すでに北米や欧州ではアクセス可能な湿地の56〜65%において農業用水の取水が行われており、その割合は世界全体でも26%に上っていた（Galbraith 2005）。

世界には2億7,880万haの灌漑農地があるとされ、農業は、灌漑用水として人類の水消費全体の7割を消費している（淡水灌漑が行われ、灌漑農地の68%が集中するアジアではこの割合は8割）[5]。さらに今後30年間で、発展途上国における灌漑面積は23%、利用量は14%増加する見込みである。

農業から排出される窒素（窒素肥料や家畜の糞尿）などの化学肥料や農薬などが、河川や湖沼、海洋などを汚染し、それぞれの生態系を破壊している問題もある。農業の近代化は、単位面積あたりの収量を格段に増加させたが、結果

として、大量の水とともに化学肥料を必要とするハイブリッド種子を用いた農業を世界各地に広めた。そのため、水環境は、過剰消費だけでなく、汚染という禍にも見舞われているのである。散布された窒素肥料の半分以上は作物に吸収されることなく土壌に残留するため、それが地下水を汚染し、また、風雨などによって河川に流れ込んで表層水の水質をも悪化させている。

米国では、年間450万tの除草剤が使われており、同国の河川や湖沼の半数は、飲み水に適さないどころか、泳ぐのさえ危険な状態にある。汚染された水は、河川を通じて最終的にメキシコ湾に到達する。メキシコ湾には、富栄養化による藻類の異常発生が原因で酸素が不足し、その他の生物がまったく生息できなくなった海域がある。その規模は1990年代には4,800平方マイル程度だったが、トウモロコシ・ブームが起きている今は8,000平方マイルにまで拡大しているという。

トウモロコシと大豆の輸出量において米国、ブラジルに次ぐ規模となっているアルゼンチンでも、ウルグアイとの間に横たわる巨大なラプラタ川が農薬や化学肥料で汚染され、川から魚が姿を消し、地元の漁師は廃業を余儀なくされている。世界の灌漑農地の39%を抱えるインドと中国でも、水資源は不足しているだけでなく、著しく汚染されている。

3. 増える需要と滞る生産性向上

新たな農地開発が必要とされるもう1つの原因として、1990年代以降に農地の単位面積あたりの収量(生産性)が上がっていないにもかかわらず、世界の農産物需要が増加し続けている現実がある。農業の生産性は、1960年代には毎年3%の割合で向上していたが、その割合は1970年代には年率で2%、1980年代には同1.7%、そして1990年代は同1.3%と、次第に低下している。

こうした現実を、農業の生産性を向上させる化学肥料を購入できる農家には、すでに化学肥料が普及してしまった結果だとする考えもある。この考えに従えば、今後、購買力がない農家にも化学肥料を普及することが可能となれ

ば、今後も特に貧困国において大幅な生産性の向上が期待できるということになる。しかし、化学肥料の原料は、窒素肥料の場合は天然ガスなどの化石燃料であり、リンやカリウムは鉱石であり、いずれも有限な資源である。さらに、化学肥料の消費は、これまでも大量の温室効果ガス（GHG）排出や土壌・水系の汚染をもたらしてきたのであり、農地や環境を保全するためには、今後は地球全体でその消費を増やすのではなく、減らす方向に転換していく必要がある。

農業の大規模・集中化が進む世界では、農地の劣化を防ぐために遺伝子組換え技術が必要とされている現実があることも知る必要がある。大規模農業では、農地劣化の原因の1つである農地の耕起をなくす、あるいは減らすためには、土壌を劣化させる耕起を止め、そのことによって除草の手間が増えないよう除草剤を散布する必要がある。除草剤耐性を持つ遺伝子組換え品種は、大規模な不耕起栽培にとって不可欠となりつつある。実際のところ、不耕起栽培は、農地からのGHGの排出量を減らすためにも役立つ。

しかし、遺伝子組換え作物の作付けがいち早く広まった米国では、遺伝子組換え品種の単位面積あたりの除草剤の使用が増えている。除草剤耐性品種の導

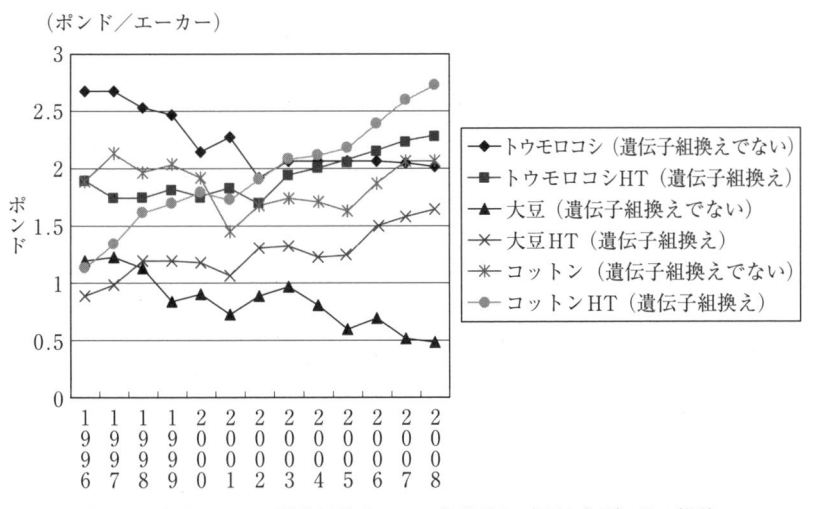

図5-1　米国における単位面積当たりの農薬散布（活性成分）量の推移
出典：Benbrook（2009）

入は農家に利便性の向上をもたらしたが、除草剤の散布量を増やし、結果として土壌と水系に対する悪影響を増大させているのである（図5-1は除草剤と殺虫剤の合計の数値を表している。該当期間に殺虫剤の使用は若干減っているが、除草剤使用量の大幅な増大により、その減少分は相殺され、合計では農薬の使用量が大きく増えている）。

問題の本質は、こうした農化学品を多用しなければ成り立たない大規模な単一栽培を特徴とする近代農業に世界の人びとが依存を深めていることにある。同時に、そうした大規模・集中型の農業が、各地のより小規模で自給的あるいは地域自給的な農業を淘汰するプロセスにおいて、大規模農業が生み出す安価で大量の穀物や油糧種子、あるいは糖料作物の普及が、1人あたりの食肉、油脂、糖分の消費量を大きく増大させたことが、現代の農業が抱える問題の中心に位置している。

4. 食の近代化がもたらした農産物需要の増加

今や、穀物の35%は家畜・家禽の飼料として消費されており、油糧種子の場合も、大豆の絞りかすの多くが飼料となっている。昨今の農地拡大の主因は、家畜部門に対する世界の需要の増大であり、同時に、油脂を多用する現代のライフスタイルにあると言える。

1kgの牛肉を生産するには11kgほどの穀物が必要であり、その量は豚肉1kgで7kgほど、鶏肉1kgで4kg、卵1kgで3kgとされる。これは、私たちが食肉消費を増やすごとに、その4倍から10倍も穀物の消費が増えるということである。同様のことは牛乳・乳製品など酪農品にも該当する。食肉の1人あたりの年間消費量は、先進国では82kg、途上国では32kgであり、牛乳・乳製品の1人あたりの年間消費量では、先進国で247kg、途上国で66kgである。世界の富裕層が、食肉・乳製品消費を通じて、世界の農地の大半を利用している現実が見える。

現在世界で生産されている穀物は、平等に分配されたとすれば、世界のすべ

ての人が年間340kg近くを消費することが可能な量である。計算上では、世界の人すべてが1人あたり毎日900g以上の穀物を消費できるということであり、これは1人あたり必要とされる量の倍近い。しかし、1人あたり年間に1,000kgの穀物を消費している米国に代表される、富裕国や新興国の中流・富裕層の穀物消費のあり方が、穀物の消費量に供給量が追いつかない状態を生み出している。

　だが、世界中の人が米国人並みの食生活をおくることは世界の穀物生産面積を3倍増することに匹敵し、現実的でない。だとすれば、経済的に豊かになれば食肉・牛乳・乳製品などの消費を増やすという今の世界の潮流は、あきらかに持続不可能である。農業の生態系への影響を抑制するのにもっとも重要なのは、この新たな世界の食文化を変えていくことなのである。

　加えて、最近では、1ℓで2kg以上のトウモロコシを消費してしまうバイオ・エタノールなどのバイオ燃料の消費増大が、事態をさらに深刻化させている。実際、食用・飼料用だけでなく、バイオ燃料の原料として、十分な穀物や油糧種子を確保することが各国の大きな課題となりつつあり、それが新たな問題を引き起こしている。欧米諸国だけでなく、中東諸国や、中国、韓国、そして日本などが、長期リース契約などを通じてアフリカ諸国やフィリピン、インドネシア、パキスタン、ロシア、ウクライナなどの国々の既存農地や農地転換用の森林や草地（放牧地）を確保する動きが2006年頃より加速しているのである（北林 2009）。

　世界銀行の報告によれば、2008年10月～09年8月の期間に報道された大規模土地取引は81カ国の464プロジェクトあり、うち面積の情報が記載されていた203プロジェクトだけで合計面積は4,660万haにおよぶ。その3分の2を占めているのがサハラ以南アフリカ（3,200万ha）、次がアジア（800万ha）で、欧州と中央アジアで430万ha、ラテンアメリカで320万haとなっている。プロジェクトごとの平均面積は4万haと大きく、栽培予定品種の情報がある405のプロジェクトの37%が食用作物、21%が工業用または換金作物、21%がバイオ燃料原料となっている（Deininger 2011）。

　他方で、国連環境計画（UNEP）が2007年に発行した「世界環境概況第4

次レポート」は、途上国の人びとが十分な食料を確保するためには、2030年までに1億haの土地が必要だと推計している（UNEP 2007）。富裕層の現在の需要の水準を下げない限り、生態系をさらに破壊することなく、この1億haを生み出すことは不可能であろう。

5. 不公正な貿易システムがもたらす農地拡大

　途上国地域で農地が拡大しているもう1つの理由は、コーヒー、紅茶、カカオ、バナナなどに代表される、いわゆる熱帯産品の生産が増加していることにある。生産増の背景には、需要側ではなく供給側の問題がある。
　世界の70カ国ほどの最貧国はすべて、食料の輸入総額が輸出総額よりも多い「食料純輸入国」である。これら国々のほとんどは、コーヒーなどの熱帯飲料や熱帯果物、砂糖、香辛料、鉱物などの一次産品のうちわずか2～3品目の輸出によって外貨を獲得しており、その貴重な外貨で主食穀物などの主要食品を輸入している。こうした国々のなかには国内総生産（GDP）に占める一次産品輸出額の割合が4割を超える国も多い。ところが、その一次産品価格のほとんどが過去100年間に実質的に低下の一途にあり、特に1980年から2000年代半ばまでにコーヒーとココアの価格は6割、砂糖の価格（ニューヨーク市場）は7割以上も下落した。
　コーヒーでもバナナでも、生産者の手取りはたいていの場合、消費者が支払う価格の1%未満である。残りの99%以上が、貿易や加工、販売に携わる食品関連企業の収入となる。そうした食品関連企業のほとんどは先進国の企業である。生産者の手取りが少ないのは、先進国市場に向けて作物をつくっている農民が生産物を売り渡す仲買人や工場の選択肢が非常に限られているため、農民に価格交渉力がないことが主な理由と考えられる。事実、これら農産物の国際貿易に携わっている企業の数は極めて少なく、生産地では独占的に買い付けが行われている。パーム油やサトウキビなど、すぐに加工しないと劣化してしまう作物では、収穫後に直ちに持ち込める工場は、たいてい近隣に1つしか

ない。紅茶やバナナのように広大なプランテーションで生産される作物の場合は、低賃金の重労働が嫌でも、近隣には他に働く場がないことも多い。

　これらの国々は、欧米向け商品作物生産のために植民地時代につくられたプランテーション（大規模農園）という負の遺産を抱えている上、1980年代以降に対外債務を抱えて危機に陥った結果として、債権国を代弁する世界銀行などに求められるまま、返済のための外貨を稼ぐ目的で輸出向け商品作物の生産を増やしてきた。

　また、これら国々は、1950年代以降に食糧援助という形で、あるいは補助金によって安くなった穀物、酪農・畜産物、砂糖などの基礎的な食料が米国や欧州諸国から流れ込んだ結果として、国内で基礎的な食品を生産できない状況に追い込まれている。つまり、これらの国々は、対外債務返済のためにも、主要食品を輸入し続けるためにも、外貨を稼ぐ農業を重点的に拡大してきたのである。

　だが近年、これらの国々が輸入している主要食品の国際価格が上がっている。借金を返済し、高い食料を購入するために、これら国々では、これまで以上に輸出産品の生産を増やさねばならなくなった。だが、食料品の場合、需要（消費量）は一定なので、各国の生産（輸出量）が増えれば価格は下がってしまう。その分を補うためには、さらに規模拡大を余儀なくされる。つまり、最貧国の生産者たちは未曾有の悪循環に陥っており、そのために既存農地に過負荷がかかる、あるいは新たな農地開発が行われるという問題が生じている。

6. 農業と気候変動

　気候変動は生物多様性に深刻な影響を与えているが、農業はGHGの排出においても非常に大きな割合を占めている。耕作農業全体では人為起源のGHG排出の13.5%を占めているが、森林や草地の農地転用によるGHGの排出を考慮に入れれば、農業のGHG排出は人為起源の総排出の3割におよぶ。

　また、国連食糧農業機関（FAO）は、世界のGHG排出量の18%が家畜産

業から排出されていると推計している。家畜は、世界のCO₂排出の9%、メタン排出の37%を占め、亜酸化窒素の総排出量の65%を占めている。メタンの温室効果はCO₂の21倍であり、糞尿だけでなく土壌の耕起や化学肥料の製造・施肥によっても排出される窒素の温室効果は同310倍である。

国連の気候変動に関する政府間パネル（IPCC）のラジェンドラ・パチャウリ議長は2008年9月、「家庭では、食肉の消費を半分に減らす方が、自動車の使用を半分に減らすよりもGHGの排出削減には効果的である」と述べ、地球温暖化を食い止めるために食肉消費を削減するよう呼びかけた[6]。実際、家畜産業のGHG排出量は輸送部門の排出量を大幅に上回っている。

土壌劣化によるCO₂排出も無視できない。FAO他による調査（2008）は、1981～2003年に、土壌への有機炭素供給量に相当する純一次生産の減少量は合計で9億5,500万tにもなると試算している。土壌から大気中に10億t近いCO₂が新たに放出されたということだ。農地からの排出はその5分の1程度ではあるとしても、森林や草地の農地への転換による排出と合わせれば、相当の割合になると推測できる。実際、ブラジルのCO₂排出量の8割近くがアマゾンなど森林の破壊によるものだとされる。

また、2003年頃よりバイオ燃料の生産が大きく増えており、今後も増え続けると予測されているが、カーボンニュートラルとされたバイオ燃料も、原料生産のために自然生態系を破壊して新たな農地が開発される場合には、生態系破壊によるGHG排出の大きな原因となる。

森林や草地などの自然生態系が破壊されれば、植物と土壌に蓄えられてきたCO₂は、燃やされるか、微生物分解されることによって大気中に放出される。土壌と自然の植生は、大気中に存在するCO₂の最大2.7倍のCO₂を蓄えている。熱帯の生態系に貯蔵されているCO₂の量は、人類が毎年排出するCO₂の40倍を上回っているとされる。しかし、主に農地の拡大による熱帯林の喪失で、すでに毎年最大で15億tものCO₂が大気中に排出されており、これはIPCCによれば毎年のCO₂排出総量の20%に相当する（IPCC 2007）。

自然生態系が破壊されてから50年間に放出されるCO₂の総量を「カーボン・デット（炭素の負債）」として計算し、それをバイオ燃料で化石燃料を代替

することによる CO_2 排出削減によって「返済」できる年数を試算する研究がある (Fargione et al. 2008)。それによると、マレーシアとインドネシアで低地を切り開いて生産されたバイオ燃料（主にパーム油からつくるディーゼル）のカーボン・デットは最大86年である。つまり、このバイオ燃料で石油ディーゼルを代替することでGHG削減ができたとしても、86年間は畑を切り開くために原生林が破壊されたことによるGHG排出量によってその削減量は相殺されてしまうということだ。泥炭地の場合は、破壊された生態系から CO_2 は120年間放出され続け、カーボン・デットの返済には840年以上必要である。

ブラジルのアマゾンを切り開いて生産した大豆のディーゼルの返済期間は最大320年であり、同国のセラードを切り開いて生産した大豆ディーゼルの返済期間も最大93年である。セラードで生産されたサトウキビ由来エタノールの返済期間は最大17年間と比較的短いが、米国で農地保全プログラムの下で草地に戻されて15年経った土地を農地に戻してエタノール用トウモロコシを生産した場合、その返済期間は最大48年にもなる。

特に懸念されるのは、生産性が高く（温帯作物の2～3倍）、労働コストの安い熱帯地域のサトウキビやパーム油からつくられるバイオ燃料の生産と貿易が拡大していくことだ。そうなれば、生物多様性の宝庫とされる熱帯地域の森林の開拓がさらに進むだろう。

このように、農業がさまざまな形で気候変動の大きな要因となっている一方で、地球温暖化が進めば大雨や干ばつなどの異常気象もますます増えていき、農業生産が悪影響を被る機会が増えることになる。また、世界全体の食料生産量は、平均気温が摂氏1～3度の上昇では増加するものの、それ以上の気温上昇では減少すると予測されている。つまり、農業が他の要因とともに気候変動を引き起こして生態系に悪影響をおよぼし、さらに気候変動が食料生産量を減らすために、新たな農地開発が必要になり、農地開発が森林や草地の生態系を破壊する、という形で、生態系は農業から2つの側面において被害を受けるのである。

7. 農業品種の多様性と土壌の生物多様性

　農業が土壌の生態系を壊し、表土から土壌栄養分が失われる、あるいは表土が風雨によって流出してしまう問題もある。国連の「人為起源の土壌劣化に関する世界評価（GLASOD）」によれば、1990年の時点ですでに陸地全体の15%（2億2,334ha）の土地で土壌劣化が認められた（13%の土壌が軽度に劣化、2%が著しく劣化）。1981〜2003年の23年間に新たに生じた土壌劣化に関する2008年のFAO他による調査は、劣化の規模は陸地の24%（35億581万ha）にまでおよんでおり、その18%が耕作地で生じているとする（Bai 2008）。

　農地の土壌劣化においても、農地に転換され破壊される森林や草地の生態

表5-1　土壌の生物多様性

- 微生物は動物種全体の95%を占めている。
- 1haの土壌には、重さにして牛1頭分の細菌、羊2頭分の原生動物、兎4匹分の土壌動物群が生息している。
- 土1gの中には、10億の細菌細胞、1万の細菌ゲノムが存在している。
- 毎年、土壌生物はサッカー場ほどの土地で自動車25台分の重量の有機物を分解している。
- 土壌生物のうち、把握されているのは1%にすぎない。
- 菌類は、控えめに見積もっても150万種に及ぶ。
- 窒素固定細菌は、大気中の窒素を固定し、土壌を豊かにする。（大豆、れんげ、サツマイモなどに付着）
- ミミズは土壌動物バイオマスの主たる構成員であり、60%を占めている生態系もある。
- 菌類には、数百mにもなる巨大なものもある。
- 土壌細菌は抗生物質をつくることができる。
- 細菌は遺伝物質を交換することができる。
- 土壌微生物には、数kmも拡散できるものもある。
- ミミズ駆除により、土壌への水浸透度は最大93%減少する。
- 土壌は、地球温暖化の防止な役立てることができる。
- 土壌生物多様性の不適切な管理により、世界では毎年1兆ドルが失われていると試算されている。
- 農薬使用により損失は、毎年80億ドルを上回っている。

出典：Turbé et al.（2010）ほか。

系破壊においても、土壌生物層の破壊がもっとも深刻な生物多様性への脅威であるかもしれない。だが、生物多様性の保全が話題にされるとき、生態系ピラミッドの頂点あるいは頂点近くに位置し、絶滅の危機に瀕している動物が象徴的な存在として取り上げられることが多い。その逆に、土壌生物のような、基底部に位置する動植物についてはほとんど取り上げられることがない。

しかし、表5-1にあるとおり、微生物は地球上の生物種全体の95%を占めており、すべての生物の生存基盤である土壌と土壌栄養分を生産している大変重要な存在である。にもかかわらず、これまでに把握されている土壌生物はわずか1%に過ぎない。私たちは、人間にも生態系にも、どのような影響が及ぶかについてほとんど情報を持たぬまま、土壌の生態系を改変・破壊し、地球上の他の生物の生存を著しく脅かしている可能性がある。

近代農業で使用される除草剤や殺虫剤は毒物であり、文字通り植物や虫を殺すためのもので、土壌生物など、ターゲットとされた動植物以外の生物にも被害を与え、土壌劣化の原因となる。土壌の殺菌・燻蒸あるいは輸入時に行う燻蒸において、オゾン層破壊物質であり非常に毒性の強いメチルブロマイド（臭化メチル）が使われてきたことも、オゾン層破壊とともに土壌劣化の一因となってきた。さらに、世界の大生産地で巨大かつ重い農耕機械を多用するようになったことが、土壌を硬くし、土壌生物が生息できない環境をつくり出している。

窒素肥料や家畜の糞尿から排出されるアンモニアガスは、大気中に滞留し、酸性雨となって土壌を酸性化し、劣化させる。また、化学肥料の3大要素である窒素、リン、カリウムが農作物に吸収される割合は半分以下であり[7]、残りは土壌から流出して地下水や河川・湖沼を汚染し、富栄養化という形で水中の生物にも悪影響を与えている。

他方で、化学肥料や農薬、灌漑を多用することを特徴し、「国際競争力」を持つ大規模かつ単一栽培の農業は、それぞれの地域固有の土壌生態系のバランスを損なわせているだけでなく、農業があつかう動植物の品種の多様性をも喪失させている。例えば家畜・家禽などの経済動物の場合、7,600品種が現存しているが、そのうち1,500品種が生産されなくなっており、近い将来、品種自

体が途絶えることになるという。作物品種についても、人類が農耕を始めた頃には1万品種あったとされ、7,000品種が現存しているが、今や農地の大半がわずか150種によって占められており、現在人類が摂取している熱量（カロリー）の95％がわずか30品目からの摂取であるという。

　極端な言い方をすれば、私たちは特定の場所で大量生産された特定の品種を世界全体で食べるという傾向を年々強めているのである。しかも、そうなったのは消費者が望んだからというよりは、巨大化しグローバル化した食料流通産業が、安く大量に生産することができ、長距離・長時間の輸送と保管に適し、取り扱いが簡単で、見栄えも良い品種を生産者につくらせ、消費者に届けてきた結果であると言える（パテル 2010）。ただし、最近の傾向として、先進国の一部では作物品種は増加しつつあり、作物品種を保全する政策を実施する先進国も出てきている。

　農業品種の多様性が維持されてきた背景には、それぞれの土地の気候・風土に適した作物を持続可能な形で生産してきた歴史があり、また、天候や病害虫などに対するリスク・ヘッジの知恵がある。農業品種の多様性が減っていくことは、土地の気候・風土に適した品種が失われることであり、天候や病害虫に対するリスク・ヘッジができなくなるということなのである。例えば、ペルーのアンデスでは、今も何十種類ものジャガイモを栽培することで、天候の変化に常に備えているという。気候変動による温暖化と異常気象の頻発という現実があるなか、そうしたリスク・ヘッジのための手段を手放すことは非常に危険なことではないだろうか。

8. 近代農業の環境影響と日本の農業の環境適合性

　自然生態系があまり残されていない先進国では、農地が野生生物にとって非常に重要な生息域になっている。特に蝶などの昆虫や鳥類のなかには、もっぱら農地、なかでも牧草地を生息域としている種もあるという。だが、先進国では農地面積が減少し、植林地や都市に転用されていることや、農業が淡水資源

を減少させていることが、鳥類や無脊椎動物に悪影響を与えており、その影響はほ乳類や昆虫、植物などの一部にもおよんでいる[8]。

　日本でも、国内の絶滅危惧種の49%は里山に生息しているとされる。だが、農耕動物の糞と稲わら・麦わらを混ぜて堆肥化し農地に戻すという、かつて里山で行われていた営みは、農耕動物が機械に代わり、家畜・家禽が産業化し、堆肥が化学肥料に代わったことで途絶え、里山の維持は難しくなった。以後の日本では、家畜の餌（トウモロコシ・大豆など）という形で大量の窒素を海外から輸入している上に、化学肥料という形でさらに窒素を海外から輸入している。結果として、1960年代後半から70年代前半にかけて、日本の河川・湖沼と海が富栄養化した。赤潮が発生し、ヘドロのたまった海底に住む生物が被害を受けた[9]。

　農業の環境適合性を比較したOECDの報告書[10]を見ると、日本の農業の環境適合性は極めて低いレベルにある。例えば、単位面積あたりで土壌に残留している窒素の多さでは加盟国中4番目に多く、残留しているリンの量は加盟国のなかで1番多い。農薬の活性成分換算での総消費量は、日本のカロリーベース自給率はわずか40%でしかないにもかかわらず、数多くの農業大国を差し置いて第4位となっており、単位面積あたりでは1位である。農業のエネルギー消費量も多く、OECD全体の10%を占めている。農業の水消費量も米国について2番目に多く、OECD全体の13%を占めている（以上2003年の数値より）。臭化メチルの消費量は、2002年〜2004年にOECD全体で使われている臭化メチルの10%を日本が占め、総消費量は米国に次いで2位である。臭化メチルに関しては、モントリオール議定書で2005年の全廃が定められていたにもかかわらず、代替物質がないとして使用が続いている。

　カロリーベースで食料の6割を海外から輸入している日本は、それだけで海外の農地と水環境に多大な影響を与えており、海外における農地開発による生態系破壊の間接的な原因にもなっている。それに加えて、国内農業が土壌や大気にこれだけ大きな影響を与えている。にもかかわらず、日本の農業政策における環境保全の優先度は、農業関連予算の内訳を見ても非常に小さい。また、日本の食料需要が間接的にもたらしている海外の農地開発による生態系破壊に

対して、積極的に取り組んでいこうとする姿勢は、日本政府には見られない。

9. 環境を保全する農業のあり方

　本章では、生物多様性を損なわせない農業生産と食料消費のあり方を考えるために、農業が生物多様性に与える影響を主に4つの視点から検討してきた。4つとは、森林や草地の農地への転換に伴う生態系への影響、灌漑および化学肥料・農薬などを多用する近代農業が水系に与える影響、農業が引き起こす気候変動、および農業が農業生物と土壌生物に与える影響である。この4つの影響は相互に密接に関係しており、連鎖的あるいは相乗的に悪影響を拡大していく状態が生じている。

　例えば、農地開発によって森林や草地が減少すれば、豊かな生物多様性が失われるだけでなく、森林や草地が有していた自然の保水力が失われる。すると、雨水がその地域に留まりにくくなり、その地域の蒸発散水の量が減る。結果として、その地域では雲が発生しにくくなり、降雨量が減る。降雨量が減れば、その地域では乾燥が進み、植生はますます乏しくなる。土壌は劣化し、生物多様性はさらに損なわれる。そうした事態がさらに進行すれば、究極的には砂漠化が起きる。実際、地球全体で、雨はますます海の上で降るようになり、陸地に降る雨の量が減っている。このことは、農業開発による森林および草地の破壊は許容することができず、これまで破壊された森林・草地の回復も含め、農地の現状を大きく変えていく必要があるということを意味している。

　陸地が乾燥している一因には気候変動の影響もあるとされるが、その気候変動の原因であるGHGの排出という面でも、農業なかでも家畜部門は人為起源のGHG排出において非常に大きなシェアを占めている。このことは、農業生産のあり方をGHGの排出を抑制する方向に転換していく必要があることとともに、もっともGHGの排出に貢献している家畜部門のあり方と、世界の食肉消費のあり方を根本的に考え直す必要があることを物語っている。

　化学肥料や農薬、灌漑用水を多用する現代の農業は土壌劣化を引き起こして

いる。土壌劣化によって表土が流出すれば、土壌が劣化し土壌生物に悪影響がおよぶ。土壌生物は、土壌中に蓄えられてきたCO_2や窒素、死骸から発生するメタンなど、多量のGHGの排出という結果をもたらす。土壌微生物はメタンを分解し、発生を一定程度抑制していることも明らかにされており、土壌生物の減少または死滅は、そうした土壌微生物のそうした機能が失われることを意味する。

　化学肥料や農薬の製造と消費によってGHGが排出されている問題もある。また、これら農化学品は、土壌生物だけでなくあらゆる生態系の生物多様性を損なわせている大きな原因である。その影響は、河川を通じて海の生物層にまでおよんでいる。大規模な単一栽培型の農業が多量の灌漑用水を使用していることが、農地への塩類集積を引き起こしており、同時に、河川流量を減らし、地域の小規模で自給的な地域の農業に犠牲を強いている。

　このように現代の農業は、世界各地で地球環境と生物多様性に多大な悪影響をもたらしているが、農業という営みがすべて、負の環境影響と伴うわけではない。既存の農地で持続可能で生産性の高い農業を行うことで、農地の持続可能性と生物多様性を維持することは可能であり、それによって新たな農地開発を防ぐことは可能である。化学肥料と農薬に過度に依存し、世界各地で非常に数少ない品種を大規模に単一栽培するような近代農業こそが問題なのであり、生物多様性の保全には、各地の気候・風土に合った持続可能で多様な農業を実践できるようにすること、つまりは農業の多様性の確保が重要なのである。

　例えば耕作地では、化学肥料のかわりに堆肥やきゅう肥を使用することで、土壌の健全性を取り戻すとともに、化石燃料の消費を減らし、同時に家畜産業による水質汚染およびGHG排出を減らすことが可能だ。糞尿から排出されるメタンは、ため池に集められて放置される場合の方が、堆肥化され土に戻る場合に比べて格段に多いのである（Kleinschmit 2009）。また、輪作やカバークロップ（土壌に窒素を固定するレンゲや大豆など緑肥とも呼ばれる被覆植物）の栽培とすき込みによって、風雨による土壌劣化の防止と土壌栄養分の補給が同時に行え、化学肥料の投入量を減らすことができる。不耕起、または浅く耕起するなどにより、土壌劣化と土壌からの窒素の流出を防ぐことができる。

また、米ロデール研究所の比較研究（LaSalle and Hepperly 2008）は、世界の耕作可能地すべてで有機農業が実施されれば、農業によって現在の世界のCO_2排出量の40％を吸収することが可能だと指摘している。つまり、今は主要な GHG 排出源となっている農業を、逆に GHG の吸収源に変えていくことができるということだ。有機農業では、少量多品種生産、間作・混作が行われることも多く、また、耕作地の天候や風土、季節に合わせた作物品種を選択することで、農薬や化学肥料に頼らずに収量を確保しようとする傾向も見られるため、有機農業の普及は、エネルギー消費の削減[11]や作物品種の多様化にも資することになる。

　有機農業で世界人口が養えるのか、という問いに対しては、すでに複数の調査研究が存在し、それらによれば、有機農業は、少量多品種生産で、間作・混作を実践している場合も多いため、単位面積あたりの収量において、多くの事例で大規模な近代農業を上回っている。その1つは、53カ国293データを分析し、有機農業の単収が世界全体では一般農業の1.3倍、途上国では1.8倍と結論づけている（足立 2009）。

10. 農業と生物多様性のガバナンス

　OECD 諸国における農地や環境を保全する農業に関する OECD 報告書（Vojtech 2010）には、環境保全型農業に対する OECD 諸国の補助制度の一覧がある。表5-2は、各国の補助制度を用途別に分類した項目であり、現在、先進諸国がどのような環境保全型農業を目指しているのかをうかがい知ることができる。残念なのは、この報告書を見る限り、日本では環境保全型農業に対して、ほとんど補助制度が存在しないということだ。韓国が1990年代から欧米諸国並みにさまざまな環境保全型農業に対する補助政策を実施してきているのとは対照的である。この領域における日本政府による早急な取り組みを求めたい。

　ただし、そうした日本の現実には、消費者にも責任がある。例えば、地域が支える農業（CSA）が広まっている米国では、有機農産物に対する需要も増

えており、結果として米国内の生産では足りず、有機農産物を輸入する自体が生じている。有機食材を使用している食品メーカーなどの意向を受け、かつては有機農業を重視していなかった政府が有機農業関連の調査や新規有機農業就農者への手厚い補助（6年間に年2～8万ドル）などを開始している。

欧州は、環境保全型農業の基準づくりという面で選考しており、例えばユーレップ（Euro-Retailer Produce Working Group：欧州小売業者農産物作業グループ）が1997年に作成した優良農業規範（Good Agricultural Practice：GAP）が国際的な基準として広く活用されるようになり、10年後の2007年にはグローバルギャップに名称を変更している。認証組織は、2007年時点で、欧州に88、米大陸に14、その他に11（日本GAP協会）存在する。

GAPは流通業者主導でつくられた基準であることから非常に緩やかな基準であり、有機農産物基準とは違うが、それでもGAP認証によって一般的な慣行農業よりは環境保全型の農業が促進されることになる。だが、この基準の普及には、欧州の認証ビジネスという側面があり、新たな非関税障壁として欧州農業にとってある意味で都合の良い基準である側面があるであろうことは否めないものの、広範に農業の環境適合性を底上げしていく可能性を持っている。

表5-2 OECD加盟国で実施されている農業環境補助金（2008）の項目

■農業慣行に対する支払い
　土壌改良（酸性化・浸食の防止）
　窒素（硝酸）削減
　養分管理計画
　粗放的の生産
　有機農業
　総合的生産（ブドウ・果樹・野菜）
　総合的生産
　伝統的栽培法
　耕起削減／機械除草
　輪作
　生物学的植物保護法
　緑肥作物
　休耕地の緑化／休耕
　間作、被覆作物（冬期）
　土地の粗放的管理
　草地の粗放的管理（牧草地／採草地）
　農地の草地への転換
　草地／生物多様性／生息地保護
　生物多様性―在来品種
　生物多様性―在来種、在来作物品種
　湿地と湖沼の維持
　脆弱環境保護地域
　防風林／緩衝帯
　景観／アメニティ
　表土の維持と改善
　水資源保全
　農場における省エネ
■農地における耕作中止に対する支払い
　長期休閑
　植林
　農地の湿地・湖沼への転換
　牧草地から永年植生への転換

出典：Vojtech（2010）

だが、国際整合化された各国の有機農業基準にしても、GAPにしても、貿易自由化と農業の国際分業、国債流通が促進されることを前提とした制度であり、先進国に有利な制度となっている問題がある。また、こうした制度と、先進諸国で環境保全型農業に多額の補助金が支出される制度が並存している現実は、貧困国の農産物輸出に悪影響を与えるという主張も存在する。

　しかし、前述したとおり、貧困国の生産者が農産物輸出から得られる収入は、一般的に消費者価格の1%未満と小さいにもかかわらず、そうした農産物の生産は貧困国の農地を広く占有し、農地拡大や農業用水の利用によって貧困国の環境に多大な影響を与えている。国際食料価格が高騰している昨今、貧困国は基礎的な食料の国内・域内自給を目指すべきであり、同時に、商品作物の付加価値を高めたり、流通経路を改善したりしつつ商品作物生産は縮小または現状維持にとどめるべきだろう。

　ただし、世界のあらゆる地域で、その地域の気候・風土と季節に適合した作物を、持続可能な農法で生産する農地を増やし、そうした作物の地域内での消費を増やしていくていくためには、国際的な貿易ルールに食糧主権の確保や環境の保全など、価格以外の判断基準を持ち込む必要がある。ただし、持ち込まれる基準は、そうした各地の多様な農業を反映したものに改善されていかねばならず、また自国で環境保全型農業に補助を行えない国々に対する支援スキームが併走することが不可欠である。

【注】

1) FAOSTAT（国連食糧農業機関統計データベース）。
2) http://rainforests.mongabay.com/deforestation_alpha.html
3) http://rainforests.mongabay.com/amazon/deforestation_calculations.html
4) http://www.mongabay.com/general_tables.htm
5) http://www.geo.uni-frankfurt.de/ipg/ag/dl/f_poster/poster_gmia_v4_lowres.pdf
6) Juliette Jowit, "UN says eat less meat to curb global warming," *Guardian*, 7 September 2008.
7) OECD（2008）によれば、日本ではこの割合は2割に過ぎない。
8) OECD (2008), Chapter 1 Section 1.8 Biodiversity

9) 鷲尾圭司「陸の無関心が海も魚もダメにする」(インタビュー)『オルタ』1・2月号、アジア太平洋資料センター、2010年。だが、鷲尾氏によれば、下水処理でリンと窒素のレベルを下げすぎたことで、最近は日本の海が「貧栄養」となっており、同時に、多数のダムや堰によって山からの栄養分も海にまで届かない状態となっていることが、漁獲量が減っている原因である。
10) OECD (2008), Chapter 1 Section 1.3 Pesticides
11) 日本の農業では、加温栽培が野菜生産におけるエネルギー消費の78%を占めている。ちなみに、米の生産におけるエネルギー消費の46%は乾燥・脱穀のプロセスで生じるため、稲の天日干しなどを実施することがエネルギー消費を減らす効果は非常に大きい。(ともに農水省の数値)

参考文献

Bai, Z. G. et al. *Global Assessment of Land Degradation and Improvement*. Wageningen: ISRIC-World Soil Information, 2008.

Benbrook, Charles. *Impacts of Impacts of Genetically Engineered Crops on Pesticide Use: The First Thirteen Years*. Boulder, CO: The Organic Center, 2009.

Deininger, Klaus, and Derek Byerlee. *Rising Global Interest in Farmland: Can it yield sustainable and equitable benefits*. Washington, DC: World Bank, 2011.

Fargione, Joseph et al. "Land Clearing and the Biofuel Carbon Debt." *Science* 319, no. 5867 (2008): 1235-1238.

Frérot, Antoine Frerot. *L'eau: pour une culture de la responsabilité*. Paris: Autrement, 2009.

Galbraith, Hector, et al. *The Effects of Agricultural Irrigation on Wetland Ecosystems in Developing Countries*. Colombo: International Water Management Institute, 2005.

Intergovernmental Panel on Climate Change Working Group I. *Climate Change 2007: The Physical Science Basis: Summary for Policymakers*. Geneva: IPCC Secretariat, 2007.

Kleinschmit, Jim. "Agriculture and Climate: The Critical Connection." *IATAP Climate and Agriculture 2009 Copenhagen*. Minneapolis, MN: Institute for Agriculture and Trade Policy, 2009.

LaSalle, Timothy J., and Paul Hepperly. *Regenerative Organic Farming: A Solution to Global Warming*. Kutztown, PA: The Rodale Institute, 2008.

Organisation for Economic Co-operation and Development. *Environmental Performance of Agriculture in OECD Countries since 1990*. Paris: OECD, 2008.

Turbé, Anne, et al. *Soil biodiversity: functions, threats and tools for policy makers*. Bio Intelligence Service, IRD, and NIOO, Report for European Commission (DG Environment), 2010.

United Nations Environmental Programme. *Global Environmental Outlook 4*. London:

Earthscan, 2007.

Vojtech, Vaclav. "Policy Measures Addressing Agri-environmental Issues." *OECD Food, Agriculture and Fisheries Working Papers* No. 24, Paris: OECD, 2010.

足立恭一郎『有機農業で世界が養える』コモンズ、2009 年。

井上真『焼畑と熱帯林：カリマンタンの伝統的焼畑システムの変容』弘文堂、1995 年。

北林寿信「世界は今『土地（ランド）ラッシュ』の時代」『現代農業』農文協、2009 年 11 月増刊号、226 ～ 233 頁。

パテル、ラジ　佐久間智子訳『肥満と飢餓―世界フード・ビジネスの不幸のシステム』作品社、2010 年。

6 生物多様性とバイオセーフティ
―遺伝子組換え生物をめぐる政治と国際関係―

大河原雅子

1. はじめに

(1) 生活者の視点を政治に

　私が大学に入学した1972年は、ストックホルムで国連人間環境会議が開催された年だった。日本でも水俣病やイタイイタイ病などの公害裁判があり、補償や救済が問題となって、ようやく環境問題に関心が向いてきた時期であった。大学の英語教育プログラムの課題では、レイチェル・カーソンの『沈黙の春』の英文テキストが扱われていた[1]。DDT といった農薬や化学物質が生態系に及ぼす危険性を、鳥も鳴かない春という象徴的なタイトルで訴える内容にショックを受けた。また、有吉佐和子さんが書かれた新聞小説『複合汚染』にも私は大きく影響を受けた[2]。汚染物質が複合的に人体や生態系に与える悪影響が生活者の視点から描かれていた。後に結婚し、妊娠するや「子どもにとっても、我が身にとっても、人間の体こそ究極の環境であり、そこに取り込む食べ物・食の問題は重大な環境問題だ」と、実感するようになった。

　第2次世界大戦が終わり、日本は高度経済成長を遂げて大企業も沢山生まれ育った。人びとが農村から都会に集まり、そこで製造した工業製品を外国に売り、農産物は外国から買えば良いという風潮も現れた。日本は狭い国土だから、高いコストを払って農作物を作らなくても良いとも考えられたのだ。そうしたなかで、コメを中心に価格を維持し、コメを作る農家を守るコメ中心の農

政が行われてきた。日本の政治家は有権者が居る場所を「票田」と呼ぶが、戦後から現在までずっと農村や農協は、自民党政権を支える強固な地盤「大票田」であった。

　私は小さい頃から政治家を目指していたわけではなく、地域で子育てをする中で安全な食べ物を家族に食べさせたいと加入した（生活クラブ）生協の共同購入活動が政治に入るきっかけとなった。プロや他人任せにしない、オルタナティブな（もう1つの）経済、市民が地域を自治することを目指す生活者の政治に出会い、女性議員を自治体議会に送りだす地域政党（ローカルパーティ）の一員として自治体議員も経験して、国会議員になった。国政においては世襲議員も多いなかで、菅直人総理も私も普通のサラリーマン家庭に育った。民主党政権は「国民の生活第一」を目指しているが、政治を国民の手に、有権者一人ひとりの手に取り戻したい。それが私の活動の基本でもある。生物多様性とバイオセーフティの問題についても、生活者の立場から政府の取り組みを求めてきたし、今後も変えていきたいと考えている。

（2）未来の子どもたちからの預かりもの

　私は「この地球は未来の子どもたちからの預かりもの」という言葉が好きだ。Think globally, act locally という言葉も好きで、活動のモットーにしている。地球を全体から捉えるのと同時に、世代を超えた地域活動を通してそれを守っていきたいと考えている。

　例えば、食べ物は安全が当たり前であるはずだが、ギョーザ事件や汚染米事件のように食の安全が問われている。水や空気や食べ物に対する汚染が広がり、不安が高まっている。若い世代には、自分たちが何を食べて、どのように育てられてきたかについて考えて欲しい。何を食べても同じだと思うかもしれないが、実は自分の体が反応を起こしていたりする。厚生省の調査（1992～1996年）でも、日本人の乳幼児の28.3％、小中学生の32.6％、成人の30.6％は何らかのアレルギー疾患を持っているという[3]。なぜそれが起こるのか正確なことは分からないが、私も妊娠したときに周囲や母親から赤ちゃんのために、食べ物に気をつけなさいとよく言われた。かつて日本人の母乳から高い濃度の

ダイオキシンが検出されたが、ダイオキシンは母乳に交じって母体から排出されて子どもの体内に濃縮されていく。有害物質はわずかな量であっても、胎児や小さな子どもには、大人に対するよりも強い影響が及ぶ。まさに世代間を通じて、この地球でどのように生存していくべきかを考える必要がある。

今日あらゆる生活場面に化学物質が使われている。ベトナム戦争で使われた枯れ葉剤のように、戦争という場面でさえも使われている。安全と思われているものの中にも化学物質は沢山使われているので、その化学物質をゼロにするのは、もうおとぎ話なのかもしれない。しかし、なるべく使わない、減らしていく、あるいは安全なものに切り替えていく、そうした選択はまだまだあるし、そのような世界にしなければいけない。

遺伝子組換え作物は、自然界ではありえない遺伝子組換え技術によって生まれたものであり、化学反応によって得られた化学物質ではないが、特定の除草剤に耐性を持つ遺伝子組換え作物や殺虫成分を持つ遺伝子組換え作物が作られてきたので化学物質との関係は深い。除草耐性を持つ遺伝子組換え作物が雑草と交雑して、さらに除草剤が効かないスーパー雑草が出てくる危険性もある。また、殺虫性遺伝子組換え作物が害虫だけでなく農業に有益な土壌微生物まで駆除してしまう危険性がある。人類が未だ食べ続けた経験のない遺伝子組換え食品の人体への影響については、分かっていないことが多いというのが真実だ。だから、安全性が確認されていないときにどのような対応をとるべきかが、バイオセーフティの課題の核心である。

2. 生物多様性とバイオセーフティがなぜ重要なのか

(1) 生物多様性条約

生物多様性条約への歩みは、1972年にストックホルムで開催された国連人間環境会議から本格的に始まった。ストックホルム宣言では、生態系に重大な損害を与えないように、回復不能なレベルの有害物質を放出することを停止すべきであるとされている[4]。科学技術は環境への危険を見極めるために、ま

表 6-1 生物多様性条約関連年表

年	事項
1972 年	国連人間環境会議（ストックホルム）
1982	国連環境計画特別会合（ナイロビ）
1992	国連環境開発会議（リオデジャネイロ）生物多様性条約成立
1993	生物多様性条約発効
1994	生物多様性条約第 1 回締約国会議（COP1）（ナッソー）
1995	世界貿易機関（WTO）成立 COP2（ジャカルタ）バイオセーフティ議定書策定決定 日本・生物多様性国家戦略策定
1996	アメリカ・カナダで遺伝子組換え作物の本格的栽培開始 COP3（ブエノスアイレス）
1998	COP4（ブラチスラバ）
1999	特別締約国会議（カルタヘナ）議定書採択延期
2000	特別締約国会議（モントリオール）バイオセーフティに関するカルタヘナ議定書採択 COP5（ナイロビ）
2002	COP6（ハーグ）2010 年目標設定 持続可能な開発に関する世界サミット（ヨハネスブルグ） 日本・生物多様性国家戦略改定
2003	カルタヘナ議定書発効 日本・カルタヘナ議定書締結
2004	日本・カルタヘナ国内法施行　農水省「GM 作物栽培実験指針」策定 COP7 およびカルタヘナ議定書第 1 回締約国会議（MOP1）（クアラルンプール）
2005	北海道「GM 作物栽培規則条例」公布（2006 年 1 月施行） MOP2（モントリオール）
2006	COP8 および MOP3（クリチバ）
2007	日本・第 3 次生物多様性国家戦略策定
2008	日本・議員立法により生物多様性基本法成立 COP9 および MOP4（ボン）
2010	日本・生物多様性国家戦略 2010 策定 COP10 および MOP5（名古屋） 名古屋・クアラルンプール補足議定書採択、2020 年愛知目標設定、ABS に関する名古屋議定書採択

（出典：筆者作成）

た、環境問題を解決するために利用すべきであるとされたことは重要だ。

ストックホルム会議の結果設立された国連環境計画の特別会合が、1982年ナイロビで開催された。そして、1992年に環境と開発に関する国連会議（地球サミット）がリオデジャネイロで開催された。開発の問題が注目された背景には、多くの工業製品を作り、多大な利益を上げてきた先進国と、自然資源はあるが技術がなく、ますます周縁に追いやられていく途上国・第3世界諸国との格差が拡がり、そのことが途上国・第3世界の大きな不満になっていたことがある。大きな社会問題、地球的課題になってきたこの問題を是正しなければならない点に国際社会が気づき、環境と開発に関するリオ宣言が採択された[5]。このリオ宣言では、自国の資源を開発する主権的権利とともに、他国の環境や自国の管轄範囲外の区域の環境に損害を与えないように確保する責任を負うことが示されている。

生物多様性条約が成立した地球サミットがブラジルで開催された背景にも、開発によって熱帯雨林が伐採されてきたことなどがあった。例えば、日本は国土の7割を森林が占める「森林国」であるにもかかわらず、南洋材や北洋材など外国からの輸入木材でツー・バイ・フォーの家が建てられた。菅総理がよく街頭演説で指摘していたが、日本は"かまぼこ板"までドイツの「黒い森」から輸入しているとは、笑えない話だ。日本はコスト重視で、自国で生産できるものも放棄し、安くて手間のかかる一次産品はどんどん外国から輸入するようになり、結果的には自然資源の荒廃に歯止めがかからなくなってしまっている。しかし、自然資源を持っているが十分な技術を持っていない途上国からの悲鳴を私たちは重く受け止める必要がある。途上国では外国から巨大な開発資本が入ってきて地域の自然環境が破壊され、経済的自立を維持する手段も奪われていく。自分たちが必要とする資源をあっという間に外国に持っていかれてしまう現実がある。

地球サミットでは、生物多様性条約とともに地球温暖化防止のための気候変動枠組条約も成立した。同時期に始まっているにもかかわらず、気候変動枠組条約と比べると生物多様性条約については、いまだに多くの人びとが知らない。2010年には名古屋で第10回締約国会議（COP10）が開催されたので、

日本ではやっと知られてきたが、その内容まではなかなか十分に知られていない。

1つの理由としては、生物多様性条約の目的が難解であることが考えられる。生物多様性条約の目的は、「生物多様性の保全」、「生物多様性の構成要素の持続可能な利用」「遺伝資源の利用から生じる利益の公正かつ衡平な配分」の実現である。こうした生物多様性条約の目的に賛同する国々が批准し、同条約は1993年に発効した。日本でも農林水産資源などの関心は非常に高かったが、工業優先傾向のなかで食料自給率が低下し、農村の自然環境が破壊されてきた[6]。生物多様性条約の3つの目的をしっかり確保したいと思っているのは、実は先進国よりも途上国である。そうした途上国の声が強く反映された条約でもある。

日本の政府官僚はこの問題にどう取り組んできたのか。そのことが政治的にも国際的にも難しい課題を投げかけている。生物多様性、つまり生態系や種や遺伝子の多様性を守ることをどれほど政治的リーダーが自覚してきただろうか。また企業がどれだけ理解しているだろうか。実は、これらが大きな問題である。

生物多様性がなぜ大切なのか。気候変動は、二酸化炭素といった温室効果ガスの排出が原因なので、これを削減していく点では明快である。地球上のどの地域でも、気候変動の影響を受けるので、認識も世界中に広がる。しかし、開発は地域によってずいぶん状況が異なる。その利害関係者（ステークホルダー）のあり方もずいぶんと違う。したがって、生物多様性条約を批准はしたけれども、実際にこの条約に則って国の方針をどう変えていくのか、そのことにどれだけ熱心であったのかについて、日本はかなり鈍感ではなかったか。途上国側につくよりも、単に自分たちの国は先進国だからという意識が非常に強かったのではないか。

生物の多様性を保全するといっても、人間活動、開発によって壊される生態系、そこに影響を与えている原因をそのまま放置してしまっている。かつての里山も、逆に人間が手入れをしなくなったがために荒廃していくという課題もある。また、外来種や化学物質による生態系の撹乱もある。さらに、気候変

動による生態系への影響もある。これらを危機として捉えられるかどうかにかかっている。

（2） カルタヘナ議定書

　世界貿易機関（WTO）が成立した1995年にジャカルタで開催された生物多様性条約第2回締約国会議（COP2）では、バイオテクノロジーによって改変された生物の越境移動が生物多様性保全や持続的利用に悪影響を及ぼす可能性を防止するためのバイオセーフティ議定書を策定する作業部会の設置が決定された。1999年にコロンビアのカルタヘナで開かれた作業部会の直後の特別締約国会議での採択が目指されたことから、後にカルタヘナ議定書と呼ばれるようになった。しかし名称のユニークな響きとは裏腹に、その内容については、一体どれだけの国会議員が充分な説明をすることができるだろうか。それほどに知られていない。

　カルタヘナ議定書では、「遺伝子組換え生物」（Living Modified Organisms: LMO）という用語を使っているが、これは当時、生きている遺伝子組換え生物のみを対象としていればよいという認識が共有されていたからでもある。現在では、生きているものだけでなくその生成物の国境を超える移動が引き起こす人の健康や環境への悪影響の責任の所在をどうすべきなのかということが議論になっている。政府資料にも簡略化して、単に「カルタヘナ議定書」と書かれていることが多いが、正式名称は「生物多様性条約のバイオセーフティに関するカルタヘナ議定書」である。つまり遺伝子組換え生物の国境を越える移動に焦点を当てた安全性を確保するための措置を規定した議定書なのであるが、「カルタヘナ議定書」という呼称を常用すると「バイオセーフティ」という核心部分が忘れられかねないと危惧する。

　生物多様性条約には、条約の目的を具体的に遂行するための議定書を検討し、採択することが明記されている。このカルタヘナ議定書の補足に関する交渉は、生物多様性条約の「遺伝資源の利用から生ずる利益の公正かつ衡平な配分」（Access and Benefit Sharing: ABS）に関する議定書交渉とともに、名古屋での締約国会議の最大の焦点の1つであった。

遺伝子組換え生物が越境移動するときに生物多様性が守られるのか、そして持続可能な利用に対して悪影響を及ぼさないのかが問われている。悪影響という言葉について、議定書本文中には「人の健康に対する危険も考慮したもの」とも書かれており、そうした悪影響を起こさないように、「安全な移送、取り扱いおよび利用の分野において十分な水準の保護を確保する」ための措置をとるとのことで議定書が作られることになった。

　生物多様性には、種や遺伝子の多様性もある。多様性がなくなり画一化すると、私たちの生命の危機がやってくる。例えば、他の種を淘汰して、ある1つの強い種だけが残るということはあり得ない。あるプランクトンがいなくなると、それを捕食していく食物連鎖の頂点の種や個体にも大きな影響が出てくる。

　その意味では、この地球の生態系は、実にたくさんの種類の生物がいないと成り立たない。これが生物多様性の考え方で、最も重要で外してはならない核心である。もし、そこに危機が訪れるとしたら、悪影響が科学的に証明される時期ではもう遅い。「危ないかもしれない」という段階なら、危機を回避し、止めることもできるかもしれない。「この事業を実施すると生態系が危ない」といったときに、それを証明する科学的根拠は何かとよく言われるが、科学的判断をするときには実はもう手遅れなのである。

　したがって、生物多様性の考え方の中で重要なのは、生態系をいかに持続可能にするか。そこに起こりうる危機をいかに予防するのか。危機が起こらない手前で止められるルールを作ることである。カルタヘナ議定書は、遺伝子組換え生物が世界に放出されたときに、ほかの生物に対する影響をどれだけ持つのか。そのことに危機感を持って作られている。

（3）「夢の技術」か―遺伝子組換え技術に対する期待と懸念―
　遺伝子組換え生物というのは、植物でも動物でもバイオテクノロジーの技術で、自然界では絶対に生まれない生物がつくられている。例えば、土壌微生物の殺虫タンパク質をつくる遺伝子をトウモロコシの遺伝子に組換えた害虫抵抗性トウモロコシを販売する企業がある。このトウモロコシを食べると害虫が

死ぬ。だから、たくさん農薬を散布しなくてよい。また、かなり普及しているものに除草剤耐性の遺伝子組み換え大豆がある。特定の除草剤を使うと雑草は枯れるが、遺伝子組換え大豆だけは元気に育つという。だから「この大豆の種子と除草剤をセットでお買い求めください」というビジネス・モデルが出てくる。

多くの農薬を買わなくてよい。雑草を抜く手間もいらない。そして、「『安全』だと国が認定しているから一般環境・自然界で普通に育てても大丈夫だろう。これは『夢の技術』だ」と多くの人びとが思うわけである。こうして「夢の技術」として遺伝子組換え作物は爆発的に開発が進んだわけである。1970年代に開発が始まってすでに30年以上経っている。医薬品開発のための実験用ラットなどの動物にも遺伝子組換え生物が使われている。遺伝子組換えビジネスは、植物でも、動物でも、微生物でも行われている。しかし、「夢の技術」といっても「すべてが安全」とは言い切れない現実が出てきている。

私たちの周囲で遺伝子組換え技術が単に使われているだけでなく、生物多様性から言えば、そうした遺伝子組換え作物が隣の畑の遺伝子組換えでない作物と交雑していったらどうなるのか。もともとあった種からすれば「遺伝子汚染」と呼んでよいと思うが、多様性が守られなくなってしまう。しかも畑に紛れ込んだ遺伝子組換え種子を無断で使用したと種子会社のモンサント社から特許権侵害で訴えられたカナダの菜種農家パーシー・シュマイザー氏は「50年間かけて品種改良してきた私たち夫婦の努力」は認められず、「いかに混入したかは問題ではなく、種子の権利はモンサント社にある」という驚くべき判決を経験している[7]。

従来の農業では、例えば大豆であれば収穫した大豆を販売する分とは別に、次に蒔く分を種子として自家採種する。その意味では肥沃な土地と水と種子とそれに携わる人力があれば誰にでも農業はできるものだったが、今や農業者は遺伝子組換え種子と農薬をセットで買わなくてはならない仕組みに組み込まれていく。特定の形質を意図的に引き出すように交配したハイブリッドも優良品種として使えるのは一代限りだが、遺伝子組換え作物についても安定して優良品種を収穫するには、毎年種子会社から種を買わなくてはならない。とりわ

け、途上国の農家にとってはメリットがほとんどなく、借金ばかりがかさみ経済的な問題が出ている。このように、遺伝子組換え技術が「夢のような技術」だとされて開発が続けられてきたが、実はそうでない現実も出てきているのである。

　日本では栽培こそされていないが、大豆、菜種、綿といった遺伝子組換え作物が輸入され、加工されて食べられている。綿は繊維をとったあとの綿実を絞って、ナタネ同様、食用油となる。かつての日本の風景には菜の花畑が欠かせない。江戸時代には菜種油や綿実油を搾り灯火油として使っていたが、現在では、食用油の大豆、菜種、綿実もほとんどが輸入だ。味噌も醤油も豆腐も日本の食に欠かせない大豆製品だが、国産大豆はわずか6%という希少価値。大半はアメリカ、ブラジル、カナダなどからの輸入物だ[8]。中国からの輸入も増えている。これらの生産国では、除草剤耐性を持つ遺伝子組換え大豆が多く生産されており、遺伝子組換えでない輸入大豆が食べたいと言ってもなかなか食べられない状況になっている。

　しかし、現在の日本の表示義務では、遺伝子組換え大豆が原料として使われていても、油や醤油などのように食品中に組換えたDNAやそれによって生じたタンパク質が分解されて検出できないものについて表示義務はない。また、遺伝子組換え農産物が「主な原材料」（原材料の重量に占める割合の高い原材料の上位3位までのもので、かつ原材料の重量に占める割合が5%以上）でない加工品であれば、コーンフレークでもポテトチップスでも「遺伝子組換えでない」とパッケージに表示することができる。だから、実際には遺伝子組換え作物を原材料とした食品を食べていても、それを食べている自覚は恐らくないだろう。

　また、日本では、牛や豚や鶏といった家畜の飼料となる遺伝子組換えトウモロコシが大量に輸入されている。家畜用飼料なので、実際に遺伝子組換えトウモロコシを人がそのまま食べることはないし、実際に日本国内の畑で商用栽培は行われていないが、組換えトウモロコシを飼料として生産された食肉や、醤油や食用油のことも含めて、おそらく日本は世界で最も遺伝子組換え農産物を消費しているのだが、まったくといえるほどその自覚はない。

家畜用飼料や菜種油の原材料として、輸入される遺伝子組換えナタネは港に荷揚げされ、港からトラックで工場など別の場所に運搬されたり、あるいは港に横付けされた船から直接、製油工場の保管施設へバキュームで吸い上げられたりして搬入される。そして、その際にこぼれ落ちた遺伝子組み換ナタネが、港や工場や道路付近に自生してしまうと生態系に影響を及ぼす。実際に、積み降ろし港や工場の近くで、遺伝子組換えナタネの自生が観察されている。ナタネはアブラナ科なので、アブラナ科に近いブロッコリーやからし菜やほかの菜種に花粉が飛んで受粉して交雑・交配してしまい、生態系に影響を与える。こうした影響を与える越境移動が実際に起こっているが、無自覚のままでいることが問題である。

欧州連合（EU）の場合は、油を含むすべての遺伝子組換え食品を表示の対象としており、家畜飼料についての表示も義務化されている。また分別された混入率基準も0.9%とされており、日本の5%基準と比べて低く設定されている。EUでは5%というと遺伝子組換え作物が入っていると表示してもらわなければ困る数値であり、日本における表示の問題がある。

遺伝子組換え生物の越境移動によるバイオセーフティに焦点を当てたカルタヘナ議定書は、この遺伝子組換え生物を輸入するときに、その相手国にどのような生物がどのような影響を与えるのか、そうしたことも含めた対応をしなければならない。

3. 責任と修復（救済）

（1）責任と修復をめぐる政治

農水省の資料（表6-2）によると、LMOの越境移動によって生物多様性保全や持続可能な利用に損害が生じた場合の「責任と修復（救済）」のあり方をめぐる主な交渉スタンスは、まずブラジルなどLMO生産・輸出国は自国のバイオ産業に影響がない仕組みを作ろうとしている。日本は表の中央に掲載されているが、実はこれは政権交代後に変更されてこの位置になった。第1に、日

表6-2　カルタヘナ議定書第27条問題についての主な交渉スタンス

ブラジル等 (LMO生産・輸出国)	我が国、EU (LMO輸入国かつ開発国／消費者の懸念)	アフリカ、マレーシア (LMO輸入国)
・バイオ産業に影響がない仕組み	・科学的根拠に基づく実効的な制度	・LMOの安全性に対する懸念 ・厳しいルールが必要

(出典：農林水産省)

本は食料純輸入国であり食料自給率が低いので、世界で最も遺伝子組換え食品を食べている国になってしまったのではないか。実際食べてしまっている。以前は、表の左側のブラジルと同様に「LMO生産・輸出国」の「輸出国」の部分が「先進国」と書かれていた。つまり、日本は、LMO開発者、輸出者のグループに入っていた。途上国並みに食料自給率が低い国であるのに、工業製品の製造・輸出国として主要国首脳会議(G8)仲間に入る先進国という認識しかない。これから技術開発をして外国に輸出しようという意識はあったのかもしれないが、LMOに対する危機感を世界中とりわけ途上国が持っているのに対して、それが最も大量に入ってくる可能性のある日本にはその危機感がない。

　政権交代後の2009年末から、従来の遺伝子組換えに関する従来の政府認識はおかしいのではないかという議論をしてきた。例えば、学校で配付する副読本は「夢のような遺伝子組換え技術で、夢のような食料生産ができる」といったバラ色一辺倒の内容のものであった。そこにはマイナスの情報は何も書かれていない。前述したように、農薬使用が減るはずだったのに、農薬に耐性を持つスーパー雑草やスーパー害虫が出てきて、かえって強力な農薬使用が増えている現実もある。30年間にわたる遺伝子組換え技術開発のなかで、ブラジルなどの輸出国は綿などさまざまな遺伝子組換え商品を作っているが、そうした国で起こっている被害についても何も書いていない。遺伝子組換え食品を本当に食べ続けてよいのか分からないからこそ、カルタヘナ議定書が成立し、バイオセーフティをどうやって確保するかが議論されているのに、これまでの自民党政権下ではそうした視点がまったくなかったと言ってよい。したがって、日

本政府のそれまでのスタンスは開発者・企業寄りであって、遺伝子組み換え食品に不安を持つ国民の立場にはなかったことは明らかだ。

　日本は1993年に生物多様性条約を締結しており、これを受けて政府としても生物多様性国家戦略を策定してきた。1995年以来、第3次までこれを策定してきたが、日本の縦割り行政を感じさせる内容となっていた。この条約の目標をどう達成するかというよりも、各省庁がすでに実施している事業を、各省庁の分担範囲を変えずに、条約内容に照らしてすでに実施していると言えるものだけを集めて国家戦略としてきたにすぎない。

　しかし、例えば、遺伝子組換えに関する日本国内の動向について、市民社会や地方自治体の動向や戦略も記載されていない。日本国内でもGM食品を食べたくない、あるいは食べずにすむように表示を厳格にして欲しいという消費者の知る権利や選択権を守る運動がある。そして、そうした消費者が存在する中で、自分たちの畑を遺伝子組換え作物で汚染されたくないという農家もあり、遺伝子組換え作物を作らないと宣言している自治体もあるのだが、こうした事例や戦略は記載されておらず、国家戦略に取り込まれていないのはまさに、旧政権下の国民不在の政治の結果だ。

　そうした中で、カルタヘナ議定書の「責任と修復（救済）」について、いわゆる第27条問題への日本政府の対応は、国内外のNGOなどから批判されてきた経緯がある。第27条問題というのは、遺伝子組換え生物が越境して入ってきて、もし被害があったときに誰がどのようにどのような責任をとるかについて議論や交渉を続けてきたものである。

　日本もカルタヘナ議定書が発効した2003年に、この議定書を締結し、これを受けて2004年2月にはいわゆる「国内カルタヘナ法」が施行された。正式な法律名は、「遺伝子組換え生物等の使用等の規制による生物多様性の確保に関する法律」である。この法律の目的は、国際協力によって生物多様性の確保を図るために、遺伝子組換え生物の使用規制に関する措置を講じて、カルタヘナ議定書の実施を確保しようとするものである。未承認の遺伝子組換え生物が輸入されていないかを検査する仕組み、輸出する際に相手国にどのように情報提供をするか、科学的知見を充実するための措置、国民からの意見聴取、違反

者への措置命令や罰則など、議定書があってもこれまでの国内法で対応できなかった基本的な事項をあらかじめ国内法で定めなければいけないということで閣法として提出された。

しかし、縦割り行政の中で策定されているので、遺伝子組換え生物の使用形態に応じた措置を実施するとして、例えば環境中への拡散を防止しないで使用する場合には、開発者や輸入者などの使用者が事前に使用規程を定めて、生物多様性影響評価書を、研究開発なら文部科学大臣、医薬品なら厚生労働大臣、農林水産なら農林水産大臣といった主務大臣の承認を受ける義務を定めている。しかし、遺伝子組換え生物による影響の対象については野生動植物などの在来種のみを想定しており、いわゆる栽培種を対象としたものとはなっていない。

輸入港周辺で遺伝子組換えセイヨウナタネの生育が広がっているのではないかという懸念もあり、農水省が調査した報告書でもこぼれ落ちなどで遺伝子組換えナタネの生育が確認されている[9]。農水省報告では遺伝子組換えナタネが在来種と交雑した個体は発見されなかったとされているが、それは今日の日本でナタネの在来種はもうほとんどなく、ほとんどが栽培種だからである。他の調査では異なる遺伝子組換えナタネの交雑や遺伝子組換えナタネと栽培種との交雑個体も発見されている[10]。実際に栽培種との交雑が起こっていることが分かっていても、農林水産省がそれを規制しようとする姿勢に立っていないのは、栽培種については「カルタヘナ法」を適用できないからである。この国内法の欠陥は、何としても是正しなくてはならない。議定書を受けて世界各国が国内法を作っているが、当初から先進国意識、遺伝子組み換え技術の開発国であるという潜在意識が強く、食料の純輸入国でありながら被害国になりうるという危機意識もなく、担保法であるはずの国内法についても非常に規制力の乏しいものしか作っていない。もっと予防原則に則り、先手を打って規制することができるよう、カルタヘナ議定書と名古屋・クアラルンプール補足議定書を担保する国内カルタヘナ法の改正が求められる。

（2） 責任と修復をめぐる国際関係

　国際関係の視点から見れば、アメリカという超大国が生物多様性条約とカルタヘナ議定書に批准していないという課題がある。大量の温室効果ガスを排出するアメリカは気候変動枠組条約の京都議定書を離脱したが、遺伝子組換え作物を開発・販売するアメリカの巨大企業があるにもかかわらずアメリカは生物多様性条約自体も批准していない。つまり、遺伝資源から莫大な利益を得るバイオ産業を抱える一方で、その遺伝資源の利益配分を請求される、あるいは遺伝子組換え生物が損害を与えたといって請求される可能性のある多国間の枠組みは自国の企業活動にマイナスになるという意識が強いために、この条約に加盟していない。

　カルタヘナ議定書の締約国の交渉スタンスからすると政権交代前の日本は、LMO大量輸入国であるにもかかわらず、潜在的な開発国のスタンスで交渉に臨んできた。実際に、青紫色のバラなどカルタヘナ法の承認を得て遺伝子組換えの花卉が商品化されている。

　遺伝子組換え技術には消費者の懸念がある一方で、こうした技術開発ができる国として、日本やEUは科学的根拠に基づく実効的な制度を「責任と修復（救済）」交渉ではとっている。そしてアメリカと異なり、議定書を締結しているが、ブラジルなどのようなLMO生産・輸出国はカルタヘナ議定書の法的規制は自国のバイオ産業に負の影響を与えかねないとのスタンスをとる国の対極にアフリカやマレーシアなどLMOによって地域の生態系が壊れるなどの損害が発生することを懸念するLMO輸入国がある。LMO輸入国であるのに、これまでLMO輸出国のような交渉スタンスをとってきた日本はかなり特殊な立場だった。その意味では、日本は少し自国の立場を誤解していたのかもしれない。

　「責任と修復（救済）」交渉は、2004年2月にクアラルンプールで開催されたカルタヘナ議定書第1回締約国会議（MOP1）で作業プロセスが開始され、毎年議論を続けてきた。そうした中で、2008年5月にボンで開催された第4回締約国会議（MOP4）でまとまりそうだったにもかかわらず、日本が強く反対をして合意できなかったと傍聴していたNGOから批判されていた。NGO

からすれば、日本の政府代表団は条約に参加していないアメリカの代弁をしてきたとさえ映った。締約国会議は、政府代表団のほかにNGOや企業なども参加しており、議長によってはこうしたステークホルダーに発言権が認められる場合もあるようだ。日本の政治家がこの問題に関心が低かったことから言えば、農林水産省などの政府機関が、技術立国や先進国のマインドで主導して経緯があると思われる。

　また、NGOからは日本政府が「責任と救済」という訳語を使っていることについても批判の声が上がっていた[11]。英語ではliability and redressという言葉だが、redressを「救済」と訳すと金銭的な損害賠償といった意味合いが強くなる。しかし、LMO輸入国や途上国の国民が本当に求めているのは、環境への影響が起こったときの「原状回復」であり、「修復」である。自生してしまった遺伝子組換え植物を抜くなど、それに対する処置がなければならない。その意味で「救済」という訳語をあてたことについても変更を求めていかなければならない。

　政権交代した民主党では、生物多様性条約のカルタヘナ議定書をめぐる自民党政権の対応に、予防原則やバイオセーフティという視点が欠けていることを主張してきた。遺伝子組換え技術のプラス情報だけでなくマイナス情報も公表し国民・消費者の選択権を保障する施策が重要だ。山田正彦前農水大臣は、農水省が発行してきた不必要に豪華で内容も誤り・偏った遺伝子組み換え作物のパンフレットの配布を差し止め、筆者も適正な記述のパンフレットの作成に注力した。また、MOP5からCOP10への政府の方向転換に向けて、議員連盟や農水部門でのワーキングチームでチェックを行うなど準備を進めたことも付記しておきたい。

　また、政権交代前の2008年5月には、当時野党だった民主党議員を含む与野党議員による議員立法で生物多様性基本法案が提出され、全会一致で承認され、同年6月に公布・施行された。これによって生物多様性国家戦略を定めることが法律的に義務づけられた。この基本法制定後に一連のプロセスを経て、2010年3月に閣議決定されたのが「生物多様性国家戦略2010」である。しかし、日本政府のスタンスも変わり、名古屋でのCOP10やMOP5の国際交渉

結果に適応した国家戦略に修正していく必要がある。とりわけ「生物多様性国家戦略2010」は、生物多様性の環境的な側面はしっかり出ているが、農林水産分野の視点があまり出ておらず、薄まっている。環境と農林水産業とバイオセーフティを統合したうえで2020年や2050年に向けた国家戦略や行動計画に修正していく時期に来ている。

4. 名古屋・クアラルンプール補足議定書

　2010年10月11日から15日まで愛知県名古屋市において、カルタヘナ議定書第五回締約国会議が開催された。2004年にクアラルンプールで始まった第27条問題をめぐる6年に及ぶ交渉の末、「バイオセーフティに関するカルタヘナ議定書の責任及び救済（修復）についての名古屋・クアラルンプール補足議定書」が採択された。カルタヘナ議定書第27条では、この分野の国際的な規則や手続の中身を決める作業を4年以内に完了することが目指されていたため、難航した交渉だった。

　この議定書草案は、MOP5直前に開催された第4回共同議長フレンズ会合では、交渉期限となっていたボン会議（MOP4）で合意できなかった2つの条項（「財政的保障」および「産品」に関する規定について集中的に議論が行われた。当初の会合は6～8日までの予定であったが、各国の意見収斂に時間を要し、2日間の延長でCOP-MOP5初日の11日未明に補足議定書案の合意に至った。補足議定書の名称に、交渉開始地と採択地の都市名を冠して「名古屋・クアラルンプール補足議定書」と決定されたことは、今回の日本政府の貢献を示すものとして評価されているという。

　補足議定書の内容についても後述するが、これまでの会議を傍聴してきたNGOからも要求項目をカバーし得る条文・文言が盛り込まれており、まずまずの結果であるとの評価を受けたことは特筆される。

　6月のマレーシア国クアラルンプール第3回共同議長フレンズ会合では、5つの主要論点のうち、①民事責任に関する規定、②事業者の定義、③損害の急

迫したおそれについては、基本合意に至っており、名古屋での補足議定書の採択に向けて着実な進展を得ていた。よって、名古屋では、④遺伝子組み換え生物（LMO）の産品、⑤財政的保障の２つの論点が議論された。

以下に、補足議定書の議論の概要を記しておく。
　第１は、「責任と救済（修復）」について議定書として法的拘束力を持つものとするか、それとも任意指針のガイドラインとするかであった。LMOを輸入する途上国は、LMOの越境移動によって損害を受けた場合、その補償を受けるための民事責任を国際的に制度化にすることを求めていた。しかし、LMO輸出国や日本が反対や慎重な態度をとったため、法的拘束力を持たせるのは行政がとる措置のみとされ、民事責任については法的拘束力のないガイドラインで扱うという妥協が図られた。つまり、補足議定書そのものには法的拘束力があるが、責任と修復（救済）の民事責任制度については、ガイドラインとして扱われるため各国の国内法に基づく規則や手続に委ねる部分が多いことになる。
　第２の課題は、損害対象についてである。カルタヘナ議定書に即して、補足議定書でも生物多様性の保全とその持続的利用と健康リスクへの損害が対象となりうることになった。しかし、「測定可能か観察可能な」損害であることと「重大な」損害であることが示された。これらが民事責任を問う際の条件となれば、損害賠償の対象が限定的になる可能性がある。とりわけ、何が「重大な」損害かについては、修復不能な長期的変化、質的・量的な変化の程度、物品やサービスの提供能力の低下、健康被害の程度などから判断されることになった。
　第３は、責任を負う事業者の定義についてである。LMOの越境移動によって悪影響が生じたときに責任を取るべき事業者は誰かということである。訴えられるのは、LMOの開発者なのか、製造者なのか、輸出申告者なのか、輸出入業者なのか、運搬者なのか、販売者なのか、使用者なのか。上流に位置する輸出国の開発・製造者を含むか、あるいは下流に位置する輸入国の中小農家など実際の使用者に責任を持たせるのかについて争点となっていたが、補足議定

書では国内法に委ねることになった。LMOと損害との因果関係についても、輸入国政府、責任があるとされた事業者、損害を受けたとされる被害者など誰が証明するのかについても議論が分かれたが、これも国内法に従うこととなった。被害者側に立証責任があるのか、事業者側に反証責任があるのか、各国の国内法によっても差異がある。また、損害を生じさせた事業者の責任を負う基準として、過失があった場合にのみ責任を負う過失責任とするのか、それとも故意や過失がなくても損害を与えた場合には必ず責任を負う厳格責任とするかが争点となったが、これについても一般民事として扱うか、この分野に特定な民事として扱うか、その両方かについては、各国の国内法によることになった。

最後まで合意が得られず、名古屋での共同議長フレンズ会合で議論することになった課題は２つあった。その１つは、適用対象をLMOそのものとするか、それともそれに起因する生成物も含めるかということである。カルタヘナ議定書が策定された当時、環境や健康に損害を与える可能性があるものとして遺伝子組換え生物が捉えられたが、生きている物でなくてもそこに残っている部分、遺伝子組換えによってタンパク質が変化しそこからの間接的な影響も懸念されており、LMOだけでなく「そこからの生成物（products thereof）」を適用範囲に含めるかで交渉が難航した。日本政府は「産品」と訳出していたが、厳格な規制を求めるLMO輸入国が求めていたのは、LMOが生み出した生成物が引き起こす損害の可能性も補足議定書の適用範囲として含めるべきであるという点であった。LMO輸出国と輸入国、先進国と途上国の対立のなかで、結局「そこからの生成物」という用語は、補足議定書から削除された。しかし、もともとカルタヘナ議定書でも、「そこからの生成物（日本政府訳では「改変された生物に係る産品」）」とは、「改変された生物に由来する加工された素材であって、現代のバイオテクノロジーの利用によって得られる複製可能な遺伝素材の新たな組み合わせ」として言及されており、補足議定書でも生成物についても含まれると考えるべきだろう。

もう１つ難航した交渉課題は、財政保障の問題である。通常、補償対象となる事業者には、保険に入るなどの賠償責任の資金的保障を求められるが、中

小事業者など財政能力が十分でない事業者や損害規模が大きく事業者に支払い能力がない場合でも、被害者補償や環境修復のための資金を締約国が基金を設置したり、保険をかけるなどの財政措置を義務づけるか、奨励すべきかといった争点である。マレーシアなどのLMO輸入国は財政保障に賛成し、ブラジルなどの輸出国は反対した。これに関連した争点として、民事責任に対する対策費用回収額の上限を決めるかについても、上限を上回る部分について締約国政府が負担する可能性があるので議論が続いた。補足議定書では、対策費用回収額の上限についても、国内法に委ねられた。財政保障についても国内法でその権利を持つことが言及されたが、そのメカニズムや評価など具体的な内容は決まっていない。実際には民法や他の法律でがんじがらめになっている日本のような先進国や、この分野の国内法が未整備の途上国もあり、国際的な規制をかけないと、国内法を作ったからといって、国民の生活を守りきれない場合も出て来るだろう。

5. まとめ

バイオセーフティに関するカルタヘナ議定書や名古屋・クアラルンプール補足議定書は非常に分かりにくいが、生物多様性保全の文脈で、特に遺伝子組換え生物の移動に関して被害が出てきたときにどうするのかということである。それは、食の安全の観点だけではなく、農業や生態系への影響も含む。食料自給率が低く、遺伝子組換え食品を世界で最も無自覚に食べてしまっている日本の生活者としてぜひ関心を持っていくべき重要課題の1つである。

前述した菜種の調査は、全国で1万5,000人の市民やNGOが関わっている[12]。カルタヘナ議定書第1回締約国会議が開催された2004年から調査されてきた。民主党政権になって初めて、気候変動枠組条約締約国会議の日本政府代表団にNGOにも入っていただいたが、こうしたことは他の国では以前から実現していたことでもある。政権交代してからも、政府がNGOへの信頼を十分に築き上げたとはまだ言えない。若い世代にもNGOに就職する方々も増え

てきたと思うが、日本のNGOは財政力もまだまだ弱く、その意味では、そこで給料を得て仕事ができる環境をもっと強化していかなければならない。

　国際的に見ると、日本の遅れは市民社会の脆弱さにも由来する。NPOやNGOなどの市民社会活動が十分にできる税制改革や社会的認知の浸透はますます重要である。専門家として重要な仕事をされているNGOの方々との連携を通じて、政府が多様な意見を聞き取って国の方針を策定していく。まさに多様性を持つ政治に向けて、そのような変更をしていきたい。生物多様性条約やカルタヘナ議定書の締約国会議のような国際会議では、政治家や官僚だけでなくNGOや市民がどれだけ変わるかで国際政治が変わってくる。そのような点が注目されている時代が来ている。

　カルタヘナ議定書も名古屋・クアラルンプール補足議定書も、企業活動を凍結しようとか、産業界にマイナスの影響を与えようといった意図があるわけではない。名古屋議定書と同様に、公正なルールを作って遺伝資源を使ったら公平に還元する仕組みを作ることこそが生物多様性条約のもともとの目的なのである。バイオセーフティについても責任ある対応の仕組みを作ることは、お互いがウィン・ウィン（互恵）関係になる方法や連帯を築いていくことにほかならない。

　日本政府のスタンスも、ボン会議からはだいぶ変わってきた。アメリカの代弁とか、自国の状況と反する姿勢は恐らくなくなってきた。共同議長フレンズ会合を傍聴したNGOからは、「あまり日本の発言もなかった」という心もとない声もあったが、これまでの姿勢を180度の転換するのは急にはできないのかもしれない。しかし、少なくともバイオセーフティの現実に関しての感度を持つレベルにはようやくたどりつき、そこに国民の声が集まってくる状況になったのではないかと思う。名古屋でのCOP10やMOP5の結果を踏まえて、改めて生物多様性国家戦略を作り直していくことと、国内法を直していくといったことをぜひ進めていきたい。

【注】

1) Rachel Carson, *Silent Spring*（New York: Houghton Mufflin Company, 1962）.
2) 有吉佐和子『複合汚染』上・下、新潮社、1975年。1974年10月から1975年6月まで、朝日新聞に連載。
3) 平成4〜平成8年に行われた厚生省長期慢性疾患総合研究事業・アレルギー疾患の疫学に関する研究。およそ国民の3人に1人はアレルギー疾患をもっていることが明らかにされた。
4) 国連人間環境会議「人間環境宣言」（ストックホルム宣言）、1972年6月16日採択。
5) 国連環境開発会議「環境と開発に関するリオ宣言」、1992年6月14日採択。
6) 農林水産省によれば、カロリーベースの食料自給率は40%（2009年度概算値）。
7) パーシー・シュマイザー「遺伝子組換え作物のない世界へ」食と農から生物多様性を考える市民ネットワーク主催「プラネット・ダイバーシティ・フォーラム」2010年10月11日、愛知県名古屋市。
8) 農林水産省「大豆をめぐる最近の動向について」平成22年1月。
9) 消費・安全局農産安全管理課「遺伝子組換え植物実態調査結果（平成18年〜20年実施分取りまとめ）対象物：ナタネ類」平成22年8月。
10) 河田昌東「日本の港周辺における遺伝子組換えナタネの野生化と環境への影響」
http://www.ensser.org/uploads/media/2.2-Kawata-JP.pdf
11) 「カルタヘナ議定書第27条『責任と修復』交渉関係資料」真下俊樹（MOP5市民ネット運営委員・GM国際ウォッチ・日本消費者連盟運営委員）、2010年5月27日。
12) 食と農から生物多様性を考える市民ネットワーク。http://mop5.jp/

7 生物多様性と遺伝資源
―アクセスと利益配分をめぐって―

隅藏康一

1. はじめに

　1993年に発効した生物多様性条約（CBD）は、第2条において、用語の定義として、「生物資源」（biological resources）を「現に利用され若しくは将来利用されることがある又は人類にとって現実の若しくは潜在的な価値を有する遺伝資源、生物又はその部分、個体群その他生態系の生物的な構成要素を含む」とし、その中に記された「遺伝資源」（genetic resources）を「現実の又は潜在的な価値を有する遺伝素材をいう」とし、さらに「遺伝素材」（genetic material）を「遺伝の機能的な単位を有する植物、動物、微生物その他に由来する素材をいう」としている。これらの定義からは、かならずしも生物資源と遺伝資源の切り分けが明確でないし、「遺伝資源とは何か」という問いに対しては多くの考え方が存在しているが、本章では、さしあたり、遺伝資源という用語を、遺伝子そのもの、生物由来の低分子化合物、生物由来のエキス、植物の種子、微生物などを含むものとして捉える。
　製品を作るために遺伝資源を利用することが必要な場合は、その遺伝資源を取得することが必要であり、それに先立って、遺伝資源を保有する国にアクセスすることが求められる。遺伝資源を利用することで製品ができて利益が得られた場合は、その遺伝資源を保有していた国に利益を配分することが求められる。アクセスと利益配分（Access and Benefit Sharing: ABS）についての

国際ルールを定めるために、これまで長期間にわたる議論が行われてきたが、生物多様性条約第10回締約国会議（COP10、2010年10月18日～29日、名古屋市）で採択された名古屋議定書において、1つの区切りがつくこととなった。

そもそも、遺伝資源を利用するのは、医薬品、種苗・花卉、化粧品、食品、といった業界の企業であるが、一口に遺伝資源の利用といっても、その態様は業界ごとに異なっている[1]。本章では、さまざまな業界における遺伝資源の利用の態様をまとめ、遺伝資源の利用と利益配分に関するこれまでの国際的取り決めについて述べた上で、名古屋議定書の要点をまとめ、今後の課題を述べる[2]。

2. 製薬企業における遺伝資源の利用

製薬企業における医薬品開発に、多種多様な遺伝資源が用いられる。各製薬企業は、創薬のための化合物ライブラリーとしてさまざまな化合物を保有している。文字通り図書館のように番号付けされて管理されている。そのような化合物には、人工的に合成されたものもあるが、天然に存在する遺伝資源から取得されたものも多数ある。製薬企業は、この化合物ライブラリーを豊富にするために、いろいろな場所から土壌や天然物を採取してきて、新規の微生物がないか、新規の分子がないか、という探索を行っている。こうした遺伝資源の採取は、現地研究機関との共同研究として実施される場合も、現地の機関との間で売買契約を結んで実施される場合もある。

化合物ライブラリーの中に多様な分子が含まれているかどうかが、医薬品のシーズを探索する際の成功確率を決めるため、化合物ライブラリーは製薬企業にとってきわめて重要な資産である。大手製薬企業の合併や提携が頻繁に発表されているが、その駆動力の1つとして、化合物ライブラリーを拡大したいという意図があるという見方もある。多数の化合物を保有するほど、医薬品の探索確率が高まるためである。

医薬品の開発工程において、ある病気を治したいときにはこのタンパク質を制御すればよいといったことを解明する基礎研究の最終段階は、化合物ライブラリーから医薬品（例えばある抗がん剤）を見つけるための、スクリーニングとよばれる作業をする段階である。例えば、細胞にある分子を投与したときに、着目している特定のタンパク質の動きが阻害されたら細胞が緑色に光るといった、スクリーニング系を構築し、探索を行う。何万種類もの化合物を試験するためには、反応ロボットが活用されるなど、オートメーション化がなされている。スクリーニングによりいくつかの候補分子が得られ、それを改変して試験を繰り返すことにより、医薬品として開発されることになる分子（パイプラインと呼ばれる）が絞り込まれる。

　そのような分子に対して、動物実験や細胞の応答を見る試験、すなわち非臨床試験が行われ、効果や安全性に問題がなさそうだとなると、人に対して処方する臨床試験の段階になる。臨床試験は、少数の健常者に対して投与するフェーズⅠ、少数の患者に対して投与するフェーズⅡ、多数の患者に投与するフェーズⅢという3段階を経る。これらにより、副作用がないかという安全性が確認され、その薬がどのようなメカニズムで作用するかが明らかになり、効果が確認される。その後、厚生労働省に対して承認申請を行い、承認が下りると販売することができる。基礎研究の段階で見いだされた新薬の候補が承認されるまでには9〜17年を要し、成功確率は約2万分の1である[3]。このように新薬の開発はハイリスクであるが、承認されて販売することができれば大きな利益が見込めるのでハイリターンである。

　そのような新薬の中には、ある地域で採取した土壌の中の微生物に由来するものもある。しかし、それはあくまでも、上記のような研究開発のプロセスを経て医薬品となるのであって、土壌を採取した時にはまだその価値は明らかではない。長期にわたる研究開発を経て、実はあの時の試料が価値の高いものだった、ということが明らかになるにすぎないのである。

3. その他の業界における遺伝資源の利用

次に、その他の業界における、遺伝資源の利用の態様を見てみることにする。

種苗・花卉業界においては、植物の種や苗といった遺伝資源が、そのまま商品となる。また、採取された種苗は、改良品種を生み出すためにも用いられる。この業界においては、海外の研究機関・植物園等との共同体制を組んで、種苗が収集されている。例えば、イギリスのロンドン郊外にあるキュー・ガーデンには、世界中の植物が収集されており、膨大な数の遺伝資源が保全されている。種苗・花卉業界においては、それぞれの種苗や花卉の性質により、資源提供国における当該種苗・花卉の取得が必要な頻度が異なる。日本に持ち込んで栽培できるものであれば、一度取得したらあとは日本で生産することができるが、気候と密接に関わりその土地でないと生育できないものは、資源提供国に継続的に赴いて種苗・花卉を購入する必要がある。

化粧品業界においては、香料となる油脂などの遺伝資源が植物から採取され、それらを原料として化粧品が加工されている。各企業は、現地の企業等と契約を交わして、目当ての原料を含む植物を購入しているケースが多い。

食品業界においては、植物の実・葉・根といった部分が商品となるため、他の業界と比較してその輸入量が膨大であり、なおかつ継続的な輸入が必要とされる。製品の製造会社が単独で輸入するケースは少なく、多くは仲介業者を用いている。

上で述べた4つの業界だけでなく、大学・公的研究機関の科学者も、基礎研究の材料として、他国の遺伝資源を用いることがある。日本の研究者が資源国に赴いて現地の研究機関とともに現地の遺伝資源を用いた共同研究を行ったり、資源国の研究者や留学生を日本に招き入れて現地の遺伝資源を用いた共同研究を行ったりするケースもある。

このように、遺伝資源に関しては、業界ごとに利用する対象や取得の経路が異なるので、例えば素材のやり取り（マテリアル・トランスファー）のための

契約（Material Transfer Agreement: MTA）の雛形を作ることをとってみても、単に統一された雛形を作れば足りるのではなく、業界ごとの実態を踏まえて作成しなくてはならない。

4. 南北対立

前節で述べた各業界における製品開発が進み、生産がスムーズに行えるようにするためには、遺伝資源の利用が促進される仕組みが存在することが望まれる。それと同時に、これらの業界の利益を資源提供国に配分する仕組みがあれば、資源提供国としても積極的に遺伝資源の利用を促進させようとするので、いっそう遺伝資源を用いた製品開発を進めやすくなり、好循環が生じるであろう。この意味では、人類社会にとって、遺伝資源の利用促進と利益配分の向上が両立されることが望ましい。しかしながら、遺伝資源を利用するのは主として先進国の企業であり、資源提供国は南側の開発途上国であることが多いため、遺伝資源の利用と利益配分の問題は、南北対立の構図の中で、最適解が見いだし難くなってしまう。北側は、企業が遺伝資源を取得することで、機能不明だった遺伝資源の活用方法がはじめて明らかにされるのだと主張する。これに対し、南側は、「バイオパイラシー」というキーワードを用いて、資源提供国の遺伝資源が搾取されリターンがないと主張する。

しかしながら、筆者がいくつかの企業の担当者の方々に対する聞き取り調査を行うことにより明らかになったことは、実際には先進国側の企業はけっして「バイオパイラシー」を望んでいるわけではない、という事実である。むしろ、遺伝資源の利用や適正な利益配分のための窓口や方法に関して明確なルールがあったほうが、遺伝資源を利用する企業としてもメリットが大きいという認識がある。そのような意識は、企業の社会的責任（Corporate Social Responsibility: CSR）を重視する最近の潮流にも沿うものである。社会的な責任を果たし、それを企業の側から積極的に発信することで、当該企業のコーポレート・ブランド価値が向上する。特に、人の健康や生命に関わる製薬企業

や食品企業にとって、CSRを意識することが経営に及ぼす影響は甚大である。このような潮流を踏まえると、遺伝資源の利用と利益配分をめぐる南北対立には必ず出口を見つけることができるであろう。次項では、この問題に関する国際的枠組みである生物多様性条約について、これまでの経緯を概観する。

5. 国際的枠組み

　生物多様性条約において、遺伝資源の利用と利益配分に関連する規定が記されているのは、第8条と第15条である。
　第8条では、以下のように規定されており、利益の衡平な配分への言及がなされている。

>　締約国は、可能な限り、かつ、適当な場合には、次のことを行う。…（ｊ）自国の国内法令に従い、生物の多様性の保全及び持続可能な利用に関連する伝統的な生活様式を有する原住民の社会及び地域社会の知識、工夫及び慣行を尊重し、保存し及び維持すること、そのような知識、工夫及び慣行を有する者の承認及び参加を得てそれらの一層広い適用を促進すること並びにそれらの利用がもたらす利益の衡平な配分を奨励すること。

　同条約の第15条では、次のように、遺伝資源の取得の機会についての規定がなされている。

>　1　各国は、自国の天然資源に対して主権的権利を有するものと認められ、遺伝資源の取得の機会につき定める権限は、当該遺伝資源が存する国の政府に属し、その国の国内法令に従う。2　締約国は、他の締約国が遺伝資源を環境上適正に利用するために取得することを容易にするような条件を整えるよう努力し、また、この条約の目的に反するような制限を課さないよう努力する。4　取得の機会を提供する場合には、相互に合意する条件で、かつ、この条の規定に従ってこれを提供する。5　遺伝資源の取得の機会が与えられるためには、当該遺伝資源の提供国である締約国が別段の決定を行う場合を除くほか、事前の情報に基づく当該締約国の同意を必要とする。7　締約国は、遺伝資源の研究及び開発の成果並びに商業的利用その他の利用から生ずる利益を当該遺伝資源の提供国である締約国と公正かつ衡平に配分するため、次条及び第

十九条の規定に従い、必要な場合には第二十条及び第二十一条の規定に基づいて設ける資金供与の制度を通じ、適宜、立法上、行政上又は政策上の措置をとる。その配分は、相互に合意する条件で行う。

このように生物多様性条約の第15条には、資源提供国の政府に対し、遺伝資源に対する主権的権利を認めるとともに、遺伝資源の取得・利用を容易にすることを求めている。また、資源利用国の政府に対し、遺伝資源の取得・利用のためには提供国政府による事前の同意が必要であること、ならびに利益配分のための立法上・行政上・政策上の措置が必要であることを述べている。また、取得・利用の条件としては、契約により相互に合意したものを用いればよいことが規定されている。

同条約に関する国際会議では、遺伝資源の利用と利益配分に関する議論が引き続き行われてきた[4]。中でも最も重要なのが、2002年のCOP6で採択された「遺伝資源へのアクセスとその利用から生じる利益の公正・衡平な配分に関するボン・ガイドライン」である。ここでいう「遺伝資源へのアクセス」とは、資源提供国にアクセスして遺伝資源を取得・利用することであると考えられる。ボン・ガイドラインには、以下のようなことが規定されている。

　　各締約国は、利用と利益配分のための政府窓口を一ヶ所指定し、その情報をクリアリングハウス・メカニズムを通じて利用可能にすべきである。政府窓口は、事前の情報に基づく同意および利益配分を含めた双方が合意する条件を取得するための手続き、権限ある国内当局、関係する原住民・地域社会、利害関係者に関し、クリアリングハウス・メカニズムを通じて遺伝資源のアクセス申請者に情報を提供すべきである。

ボン・ガイドラインは、各国での施策の立案や個別契約の作成時に使用することができる柔軟な指針であったが、法的拘束力のない任意のガイドラインとなった[5]。そこで、法的拘束力のある国際的枠組みを作ることが求められた。その後の議論を経て、2010年10月のCOP10において、遺伝資源の利用と利益配分についての議定書の策定が行われることとなった。

6. 比較事例としての特許制度

遺伝資源の利用と利益配分に関する契約は、あたかも特許権のライセンス（使用許諾）契約と類似のものとして捉えることができる。権利を保有している者が、他者がその権利を使用することを認め、その権利を用いて利益が得られた際に利益の一部の配分を受ける、という共通の構造があるためである。

特許権は特許法で定められている権利であり、その権利を保有する者に、発明を独占し他人の使用を排除することを認めるものである。換言すると、特許権はその保有者に、特許権の使用に対する対価請求権をもたらす。遺伝資源についての利益配分のルールが確立すると、これと同様に、遺伝資源に対して主権的権利を持つ者は、一種の対価請求権を持つことになる。

このような類似性を考えると、特許権に関して検討されている、特許発明の利用を促進するためのスキームは、遺伝資源の利用促進を図るうえでも参考になるものと考えられる。

2010年8月、日本学術会議は、科学者委員会の下に設置された「知的財産検討分科会」の報告『科学者コミュニティから見た今後の知的財産権制度のあり方について』を公表した。その中では、以下の4つが主要な課題とされている。

① 科学者コミュニティの自由な学術研究と、学術研究の成果として生み出される新たな知見の知的財産活動との調和を図ること。
② 科学者コミュニティの生み出す新知見の権利保護を進めつつ、権利化された成果への世界中からのアクセスを可能にすることとの調和を図ること。
③ 産学連携における知的財産活動の見直しを図ることで、科学者コミュニティにとってよりよい知的財産権制度の構築を図ること。
④ 科学者コミュニティの知見を知財司法において活用し、よりよい司法判断を可能にすること。

これらのうち、本章のテーマと関係がある②「新知見の権利保護と、権利化

された成果へのアクセスとの調和」については、同報告の要旨において、「科学者コミュニティの生み出す新知見の権利保護を進めつつ、権利化された成果への世界中からのアクセスを可能にすることとの調和を図るべきである。具体的課題として、パテント・コモンズ（特許化された研究成果へのアクセスを促進する仕組みの1つであり、特許の集合体の全体又は一部分について、基礎科学における使用などの一定の条件に合致する場合には、無償で特許を使用させるもの）、パテント・プール（特許化された研究成果へのアクセスを促進する仕組みの1つであり、特許の集合体の全体または一部分について、個々の特許権者との交渉無しに、合理的な価格で無差別的・非独占的に使用を許諾するもの）などをはじめとする、特許化された研究成果へのアクセスを促進する仕組み、特許化されたリサーチ・ツールの使用の円滑化、著作権についての相談窓口の設置、ならびに、著作物を円滑に流通させる仕組みについての検討を進める必要がある」と記されている。

　ここで述べられているパテント・プールやパテント・コモンズは、いずれも、対価請求権（ここでは特許権）の付されたもの（ここでは発明）を集めておくことで、ユーザーはハブとなる組織との間で契約を結ぶだけでそこにプールされた発明を使えるようになる、というスキームである。遺伝資源に関しても、利用の希望が多くなおかつ他と区別して特定できるものに関しては、1つの場所にプールしておき取得・利用を円滑化することができるであろう。

　それに近い例として、世界食糧機関（FAO）の食糧農業植物遺伝資源国際条約（ITPGR）の取り組みがある（姫野 2008）。ITPGR は対象を植物に限ってはいるが、CBD と並行してアクセスと利益配分について議論している国際フォーラムの1つである（日本は未批准）。ITPGR では、リスト化された作物の取得・利用は、多国間の制度（MLS）により行われる。ユーザーからの支払は、売上高の 0.77％と定められており、しかも成果物を研究・育種に制限なく利用できる場合等には、支払い義務はない。なお、ユーザーは MLS に対して使用料を支払うが、使用料は個々の資源国に逐一還元されるのではなく、理事会が使途を決定することになっている。

　もとより、CBD のボン・ガイドラインにおけるアクセスと利益配分のス

キームは、二国間の交渉を前提としており、ある国からの素材を使って特許を取得した場合、同じ植物が分布している近隣国がその利益配分を受けられないという矛盾がある。二国間の交渉を想定するだけでなく、このような多国間の仕組みも組み合わせることで、より実態に沿ったスキームを構築できる可能性がある。

7. 名古屋議定書

2010年のCOP10において、さまざまな論点に関する南北対立を克服して遺伝資源に対する利用と利益配分の国際的枠組みである名古屋議定書を策定することは困難を極めたが、事前会議を含めて約3週間にわたる議論の末、結果として、会議終了直前に提案された議長案がほぼその通りの形で名古屋議定書として承認されることとなった。

生物多様性条約では、遺伝資源の利用にあたって資源提供国の事前同意を取得することが必要であり、資源提供国との間で契約を締結した上で遺伝資源を利用し、それにより得られる利益を資源提供国に配分する、という枠組みが定められている。この枠組みをさらに具体化するため、名古屋議定書では、利益を配分すべき「遺伝資源の利用」とは何を指すのかが定められ、各国において遺伝資源の利用をモニターするチェックポイントを設置することが定められた。

これまでの主な論点と、それぞれが「名古屋議定書」でどのように決着したのかを、以下に示す。

（1） 遡及適用

利益配分の適用範囲を、議定書の発効後に入手された遺伝資源に限るのか、生物多様性条約発効後に入手されたものすべてを含むのか、について対立があり、資源提供国は前者、利用国は後者の立場である。さらに、植民地時代に持ち出された遺伝資源についても対象とすべきだと主張している国もあった。し

かしながら遡及適用についての規定は名古屋議定書には盛り込まれなかった。

(2) 派生物の取扱い

　利益配分をすべき「遺伝資源の利用」とは何を指すのかということが、対立点となっていた。資源提供国は利益配分の対象を遺伝資源だけでなく派生物も含むものとすべきと主張したが、利用国は利益配分の対象を遺伝資源の利用のみに限定すべきとし、派生物に関する利益配分についてはあくまでも個別の契約で定めるものとしたい考えであった。一般的に、遺伝資源の派生物という用語を使う時、大きく分けて、遺伝資源である微生物等がその本来の機能の1つとして産生する化合物を指す場合と、微生物やその産生する化合物を人工的に改変したものを指す場合がある。名古屋議定書では、前者については利益配分の対象であるが、後者については利益配分の対象とすることが義務付けられておらず個別の契約で対応すべきことが規定された。

(3) アクセスに関する事前同意の法的確実性

　遺伝資源を取得・利用するためには、資源提供国にアクセスして事前同意を得ることが必要とされているが、遺伝資源の利用者の立場からすれば、これに関するルールには法的確実性が必要であり、例えば資源提供国の政権交代によって以前の同意が覆されるという事態が生じないようにする必要がある。そのため、名古屋議定書の中で明確なルールを定めることが求められていた。これに対して、資源提供国は、具体的な部分はできるだけ各国の裁量に委ねることを求めていた。名古屋議定書には、アクセスと利益配分に関する国内ルール策定の際には法的確実性・明瞭性・透明性を確保すべきである旨が盛り込まれた。

(4) 伝統的知識

　先住民族が、例えば「子どもが発熱したときにこの薬草を食べさせると熱が下がる」といった伝統的知識を持っている場合がある。製薬企業からすると、その薬草から有効成分を抽出し創薬につなげることができるので、このような

伝統的知識は価値の高いものといえる。伝統的知識は特定の民族によって長年受け継がれてきたものであるが、特許権や著作権として保護できるわけではない。このような伝統的知識についても利益配分の対象とするかどうかが論点の1つとなっていた。名古屋議定書では、遺伝資源に関連する伝統的知識は、遺伝資源と同様に、取得の前に事前同意を得て、相互に同意する条件で契約を交わしてから取得すべきものであることが定められた。

（5）病原体

2007年にインドネシアで高病原性鳥インフルエンザが流行したが、同年2月、インドネシア政府は高病原性鳥インフルエンザウィルスに対する主権的権利を主張、WHOへの検体の提供を拒否し、ウィルスの検体を入手したい者は、商業的に利用しない旨をインドネシア政府と合意する必要があるとした（森岡 2007, 2009）。その背景には、ウィルス検体を用いてワクチンメーカーがワクチンを開発した場合、インドネシアの国民がそれを高価な価格で購入させられるということに対する不満が根強く存在していた。先進国は、今後このようなことが生じないよう、議定書の規定の適用対象から病原体を除外することを求めたが、途上国が反発していた。名古屋議定書では、アクセスと利益配分に関する国内ルール策定の際に、公衆衛生上の緊急事態に対し特別の配慮を行うべきである旨が定められた。

8. 今後の課題

今後、2011年2月には締約国による議定書への署名が始まり、その後、議定書が発効されることとなる。同時に、各国において、これに対応する法整備がなされることとなる。

今後さらなる検討が必要となる課題は多数存在するが、その中で特に以下の3点を挙げて、本章の結びにかえたい。

（1） 非商業目的の研究

　すでに3. で述べたように、産業界ばかりではなく大学・公的研究機関の科学者も、基礎研究の材料として他国の遺伝資源を用いることがある[6]。名古屋議定書では、生物多様性の保全等に資する研究目的の利用については、他の場合と異なる簡素なアクセス手続きのみで認めるべきものである旨が定められた。大学・公的研究機関の研究者はこの特別扱いを拡大解釈して、非商業目的の研究であって配分すべき利益が生じないのであれば遺伝資源へのアクセスに関する手続きを怠っても構わないと考えるかもしれない。しかしながら、大学・公的研究機関における研究が、生物多様性の保全のための研究にとどまらず、創薬等の製品開発に結び付くケースも多々存在する。遺伝資源を利用した研究に基づいて、将来的には企業と共同研究を行うなどの商業目的の研究段階に入る可能性がある。この際、最初に資源提供国から事前同意を得て契約を結ぶという適切な手続きをとっていないと、企業としてはリスクが大きすぎてその共同研究には手を出せないことになる[7]。そのような事態に陥れば、研究成果を基に製品開発段階へと進む可能性をみすみす捨ててしまうことになってしまう。したがって、まずは日本において、科学者コミュニティとしての遺伝資源へのアクセスと利益配分に関する最低限の留意事項としてのガイドラインを策定し、科学者の意識変革を図るべきである。そのことが、遺伝資源を用いた研究に関して、今後の安定した産学連携と国際連携の実現につながるはずである。また、よいガイドラインができれば国際的にも波及するはずである。

（2） 特許出願における出所開示義務

　名古屋議定書では、各国において遺伝資源の利用をモニターするチェックポイントを設置することが定められ、チェックポイントの機能について記されている。こうしたチェックポイントの1つの候補として、知的財産権の審査機関等を活用すべきという意見が出されていたが、どのような機関をチェックポイントとして活用すべきかについては例示されないこととなった。

　とはいえ、知的財産権に関しては、特許出願において遺伝資源の出所開示を義務付けるかどうかという議論が引き続き行われることとなるだろう。ある

国の遺伝資源を採取して、それを用いて発明を完成させた場合、特許出願の中に遺伝資源の出所を明示しなくてはならないとすると、開示への強い圧力となる。出所が開示されていない場合は特許が無効となるとすれば、なおさらである。

　特許出願における出所開示要件の導入は、資源提供国側の要求であり、すでに中国やインドは制度を導入している。これが他の国々にも波及するかどうかは未知数であるが、出所開示要件が他の国々にも波及した時に国際的な特許をめぐる制度やイノベーション環境にどのような影響を与えるのかについて、今後多面的な調査研究が求められる。

（3）ヒト遺伝子の例外

　日本の研究者が外国に行って、その国の人びとの血液を採取して、ゲノム上のDNA塩基配列を解読し、その国に特有の疾患に関する原因遺伝子を解明する、といった研究活動を行うケースもあろうが、その場合には、遺伝資源へのアクセスと利益配分のルールは適用されない。地球上の遺伝資源にヒト遺伝子も含まれることは言うまでもないのだが、すでにCOP2における決定で、ヒトの遺伝子は適用除外とされているのである。ヒト遺伝子の取扱いには特段の倫理的配慮などが必要となるため、他の遺伝資源と一緒に扱うのを避けたものと考えられる。しかしながら、名古屋議定書に基づく国内法整備をする段階で、ヒト遺伝子を同様な枠組みで取り扱うかどうかを検討する国が出てくる可能性がある。ヒト遺伝子を売買の対象とすることは倫理的に問題があり避けるべきであるが、アクセスと利益配分の枠組みとの関係をどのように整理すればよいか。これについても今後多面的な検討、ならびに別途の国際的枠組み構築が求められることになるであろう。

【注】

1) 業界ごとの遺伝資源の利用態様の違いは、2008年度サントリー文化財団研究助成により筆者が代表となって実施した調査研究に基づく。その概要報告は
　http://www.suntory.co.jp/sfnd/kenkyu/report0813.html に掲載されている。なお、そ

の調査研究の一環として開催した「CBD-ABS 研究会」の参加メンバーの皆様に、多大なるご教示を受けた。
2) 本章は、名古屋議定書の採択前に発表した、隅藏（2010）に、大幅に加筆し、名古屋議定書の内容も盛り込んだものである。
3) 日本製薬工業協会「製薬協ガイド2008」
http://www.jpma.or.jp/about/issue/gratis/guide/guide08/
4) 詳細な経緯については、香坂・本田（2009）ならびに嶋野・長尾（2005）を参照。
5) 前掲の嶋野・長尾（2005）を参照。
6) 大学における留意点については、鈴木（2010）にも詳述されている。
7) 2010年2月6日に、日本知財学会ライフサイエンス分科会（筆者が担当理事を務めている）のシンポジウム「生物多様性条約と利益配分の現状と今後の課題」を開催したが、その中でも、産業界のパネリストから、同趣旨の意見が出された。

参考文献

香坂玲・本田悠介「生物多様性条約における遺伝資源の利益配分と知的財産権をめぐる議論の交錯」『日本知財学会誌』5（4）、2009年、3～13頁。

嶋野武志・長尾勝昭「遺伝資源へのアクセスと利益配分に関する議論の変遷と我が国の対応①～③」『バイオサイエンスとインダストリー』2005年、63（6）、63～65頁．63（7）、62～64頁、63（8）、71～73頁。

鈴木睦昭「COP10報告と大学知財本部が注意すべきこと（上）（下）」『産学官連携ジャーナル』vol.6、No.11～12、2010年。

隅藏康一「遺伝資源へのアクセスと利益配分の概要」『日本の科学者』45巻、2010年、552～557頁。

姫野勉「遺伝資源をめぐる国際交渉の展開に影響を及ぼす要因分析」『国際公共政策研究』13（1）、2008年、69～88頁。

森岡一「インドネシアの高病原性インフルエンザウイルス検体提供拒否問題が提起している課題」『知財ぷりずむ』57、2007年、26～32頁。

森岡一『生物遺伝資源のゆくえ』三和書籍、2009年。

8 生物多様性とビジネス

粟野美佳子

1. 議論の経緯

　生物多様性条約の枠組みにおいて生物多様性とビジネスの問題が登場したのは2005年である。生物多様性条約では2年に1回締約国会議が開催され、会議主催国が2年間議長国となるが、次の締約国会議までの2年間、議長国もしくは次の議長国が独自の成果や目玉となる成果を考え、特定のテーマについて掘り下げたり新たな構想を打ち出すための準備会合を開催したりする。2006年の第8回締約国会議（COP8）での目玉の1つとなるべく、2005年というタイミングでこの議論が登場したのである。ただし、議論の口火を切ったのはCOP8のホスト国ブラジルではなく、イギリス政府、正確に言うと環境・食糧・農村地域省（DEFRA）で、2005年に開催された2回の専門家会合はいずれもイギリスとブラジルの共催となってはいるものの、イギリス政府がブラジル政府を巻き込むような形で議論の場を形成したと言ってよい。

　この背景から、最初の専門家会合は2005年1月にロンドンで開催された。企業・業界団体・NGOから専門性や経験を基に主催者が招待した約60名が参加したが、2010年7月に発表された『生物多様性と生態系サービスの経済学（TEEB）』企業向け版（D3）（TEEB 2010）の執筆責任者である国際自然保護連合（IUCN）のジョシュア・ビショップ氏がすでに中核メンバーとしてこの時点から議論をリードしている。この会合では民間セクターの参画の可能

性と方法について、生物多様性に直接的な影響を与えている産業と、間接的な影響すなわちサプライチェーン型の影響を及ぼしているグループとに分かれて議論が行われた。前者についてはシェルやリオ・ティント、ペトロブラスといったエネルギー・鉱業セクターが主で、間接型については、消費財のユニリーバや金融のABNアムロ、ブラジルの化粧品会社、木材のプレシャスウッズといった企業が参画した。

　この1月の会合を受けての2回目が、同じ年の11月にブラジルのサンパウロで開催され、ホスト国ブラジルからの参加者が当然のことながら増加し、参加者数は100名にのぼった。議論も前回より明確にセクター別議論となり、直接・間接の二分から、ABS（遺伝資源への公平なアクセスと分配）に関係する産業と金融を独立させ、4グループに分かれた。このカテゴリーの考え方は、現在でも見かけられる。直接影響型は引き続き鉱山系がメインで、リオ・ティント、ペトロブラス、ニューモントや業界団体の国際金属・鉱業評議会（ICMM）が参加した。ABS関係では穀物メジャーのカーギルが参加、金融ではABSアムロに加えHSBCやオランダのラボバンクが顔を連ねている。

　この2回の専門家会合を経て2006年のCOP8で決議文に初めてビジネスと生物多様性という文書が採択された。ただその内容は民間セクターの参画の必要性を言及するに留まっており、生物多様性条約でも民間セクターの重要性が精神論として語られたというレベルに過ぎない。それを促進するための方策は第9回の締約国会議（COP9）で議論することとなり、2008年のCOP9ホスト国であるドイツは、森林保全のためのファンド「LifeWeb Initiative」と共に、生物多様性とビジネスを会議の柱の1つに据え、具体的姿として「ビジネスと生物多様性イニシアティブ（B&Bイニシアティブ）」を立ち上げた。2010年の第10回締約国会議（COP10）は日本で開催することが実質確定していたので、このイニシアティブにはCOP9の時点ですでに日本企業も数社署名しているが、他の署名企業は開催国であるドイツとCOP8のブラジルの企業で、メンバー構成は決して世界的ではない。2010年末現在、署名企業は42社となり、若干バラエティは増したものの、大半を特定の国の企業が占めている状況に変わりはない。

このようにCOP8の主催国ブラジルとその後ろにいるイギリス、COP9の主催国ドイツが生物多様性とビジネスの議論を引っ張ってきたのだが、もう1つ議論を引っ張ってきた国がオランダである。COP9での決議文ではB&Bイニシアティブの創設に加え、オランダ政府が2005年に2回開催された専門家会合を引き継ぎ、第3回目を開催することが表明されているのである。その決議文に則って2009年11月にインドネシアで「第3回ビジネスと生物多様性チャレンジ会合」が開催された。ここで興味深いのは、主催はオランダ政府だが開催場所はインドネシアだったことである。インドネシアはオランダの植民地だった歴史もあるが、木材やパームオイルといった森林破壊に関連する産品や石油の産出国であり、英蘭企業のユニリーバやシェルのビジネスとの接点という視点から見てもインドネシアというのは鍵を握る国であることからの場所選定と推察される。

ここでの議論もセクター別に行われたが、これまでの流れと若干違い、特定産業に絞った話題提供が行われた。金融や鉱山・エネルギー系はそのままだが、東南アジアという開催地域の特性を考えたのか、ツーリズムが単独テーマとして設定されている。ツーリズムは、生物多様性条約の中で1つのプログラムとされており、生物多様性からの恩恵を受けている産業というこれまでのセクター分けには欠けていた特性を持っていることもあるが、地域的にも関心を呼ぶセクターだったと言えよう。もう1つ議論の柱になったのが、いかにビジネスに生物多様性を組み込むかという手法の議論である。大きく分けると次の4つの観点が提示された。

① リスクマネジメントとしての生物多様性
② 生物多様性への影響と依存度の測定・評価・報告
③ 生物多様性ビジネスの構築
④ マネジメントツール

マネジメントツールはさらに、

- オフセット
- 基準・認証制度
- 手法・アプリケーション（例：ハンドブック）

◆ 協働活動（例：B&Bイニシアティブ）

といったいくつかの具体的な手法に言及がおよび、個別具体的議論が交わされた。最終的には、14項目から成るジャカルタ宣言（付表1）が採択されたが、中でも目新しいのはノーネットロスとネットポジティブインパクトという概念が登場したことである。生物多様性とビジネスの議論では、生物多様性に対する影響をいかに減らすことができるかが主要テーマだが、影響をゼロにするというのはビジネスを止めない限り不可能である。そこで発想を切り替え、正味でゼロになる、つまり、何らかの生物多様性が失われた分をどこか別の場所で新たに生物多様性を産み出し、差し引きでゼロにすることを目指す、さらには差し引いた残りが発生することを目指すという考え方が、ジャカルタ宣言で打ち出された。

しかしながら、このジャカルタ宣言は結局条約の一部とはならなかった。2010年5月に開催されたCOP10の準備会合（Working Group on the Review of the Implementation：WGRI）において、COP10の決議文で言及はするものの条約の枠組みの中で正式に認めるものとはしないという結論になったのである。条約の文章は締約国政府が責任を負うものであり、拘束力が発生する議定書でなくとも、ソフトロウと言われるような精神的拘束力が発生するため、ジャカルタ宣言を正式なものと位置付ければ政府にも何らかの責務が発生する。それを遂行するのは現実問題として無理との認識が大半を占め、他にもさまざまな活動が民間で取り組まれている中の1つとして紹介するというレベルに留まった。ジャカルタ宣言はビジネス界との定期的対話の必要性も掲げられたが、定期的とすれば開催義務が発生するため、対話の必要性は認めつつも定期性には言及せず、ジャカルタ会合からはかなりトーンダウンした。具体性と実用性を剥奪し、COP8での精神論の水準に逆戻りしたとも言える。

2. COP10における議論

　上記の流れを受けて2010年10月にCOP10が名古屋で開催されたが、生物多様性とビジネスの問題がどう話し合われたかを見る前に、まずCOP10の全体像を確認しておきたい。

　生物多様性条約の中で、最重要かつ最も困難な問題が遺伝資源へのアクセスと利益分配（ABS）である。2010年5月のWGRIで、この問題が解決しない限りほかの重要な2つの問題、すなわちポスト2010戦略と資金動員戦略も採択しないという、いわゆるパッケージディールを途上国側が打ち出したため、それまでは個々に議論がなされていた3つの重要課題を同時に決着させなければならなくなった。先進国にとってはポスト2010戦略（愛知目標）の採択が最も重要だった一方、途上国にとって愛知目標はABSを成立させるための駒であり、ABSこそがCOP10での主役であった。さらにこの条約はもともと途上国への保全のための資金提供が役割であったので常に資金問題が課題としてあり、この問題も途上国が満足できる内容で決着しなければ愛知目標など掲げられないというスタンスが明確に突きつけられたのである。ABSは条約の目的に掲げられているが、条約発効から18年間一向に進展しなかったことが示すように、合意が極めて難しい問題であり、これが解決しない限り何も採択されないというall or nothingを迫られる中、議長国である日本政府もABSをCOP10の最重要課題と位置づけた。

　その結果、生物多様性とビジネスが主要な進展の1つとして打ち出されたCOP8やCOP9とは違い、条約本体の交渉においてはこのテーマは多々あるものの1つに過ぎず、存在感は極めて弱まったというのが実情である。実際に、本会議の場で交渉され合意された文書を見ると、5月の準備会合の時点での文書からほとんど変わっておらず、保全と持続的利用に関する活動の公表を企業に要請することが追加されたのみである。またジャカルタ宣言がCOP10で議論することを提唱した「ビジネスと生物多様性アジェンダ2020推進戦略」もまったく俎上に載っていない。本会議の場で生物多様性とビジネスの問題は

殆ど議論されなかったのである。さらにジャカルタ宣言本体についても、前述の通り、その考え方を企業に推奨するというところで終わっており、目立った存在感を発揮することはなかった。

しかし、条約本体で議論がほとんどされなかったからといって、COP10で生物多様性とビジネスの議論が立ち消えになったということではなく、むしろ逆といってもよいだろう。締約国会議では本会議とは別にサイドイベントと呼ばれる会議や発表が数百もあり、条約枠外が重要な舞台を提供しているからである。特に今回は「持続可能な開発のためのビジネス協議会（WBCSD）」と日本経団連等が「産業界と生態系デー」をCOP10公式行事として10月26日に設定し、終日さまざまな発表が行われた。会議場の物理的制約から、定員が100名の部屋で開催せざるをえず、あまり大々的な会議となれなかったのは、当初の目論見からすれば誤算だったと思うが、事前の参加申込が早々に定員に達しており、高い関心が寄せられていたことが分かる。ここでWBCSDが開発中の定量的評価手法（Corporate Ecosystem Valuation）の概要が紹介された他、それ以外のサイドイベントでもビジネスと生物多様性を巡る各種サイドイベントが多数開催されており、企業の担当者間での情報交換と議論の場としては十分に機能していたと言える。

3. 名古屋議定書のビジネスにとっての意味

遺伝資源へのアクセスと利益分配については、COP10で名古屋議定書が成立したが、なぜこの条約で遺伝資源を議論しているのか、それが、生物多様性保全と自然資源の持続的利用と同列で語られるのか。それはこの条約が、基本的には途上国を支援することを目的として策定されたことに起因する。条約の条項の大半は、いかに途上国に保全と利用のための資金・技術・人材を提供するかを取り扱っているが、その対象となるものを通常人間の目に見える有形物の単位に限定せず、遺伝子単位も対象としたのである。有形物の場合、商取引が成立すれば物資が目に見えた形で動き、それに対する課税も可能なら、売

上高あるいはコストとして通常のビジネスの中で計上され、支払いすなわちキャッシュフローが発生する。しかし、有用な遺伝子資源が潜む、例えば植物の葉数枚では課金はできない。この持ち帰られた葉、厳密に言えば遺伝子が、先進国での分析の結果大きな利益を生む製品開発を可能にしたとしても、葉そのものが原材料として利用されない限り原産国との取引は発生しない。原産国からすれば同じ自然資源であり、人間の目に見えるレベルか顕微鏡レベルかの差異は問題ではない。しかも有形物以上に容易に持ち去られかつ利益が大きくても還元されないという問題の大きさから、遺伝資源問題が常にこの条約の争点の中心にあった。

　さらに、途上国からみれば、遺伝資源は非常に持続的なファイナンスとなる。途上国ではこれまで熱帯材や鉱物資源等有形物で非持続的ビジネスを展開した結果、産み出す熱帯林自身が消滅したり、資源が枯渇し収入源を失うという事態を経験している。例えばタイには天然の森林は最早残っていない。ボルネオ島では1970年代主たる産品であった木材の大半が伐採され、伐採跡地がパーム農園に置き換わって現在はパームオイルの大生産地となっている。有形物の場合、資源枯渇 → 別な材の発掘 → 資源枯渇 → 別な材の発掘というサイクルが発生し、資源がピークアウトして次の材に置き換わるまでは収入が低減する問題を抱える。一方遺伝資源の場合、途上国の自然資源そのものを利用する訳ではないため、有形物のような資源枯渇問題は抱えない。先進国側での製造開発による利益が還元されれば、途上国の資源を使うことなく資金が流入することになり、その意味でこのABSは革新的持続的ファイナンスとなりうるのである。そのため、途上国側はABSに対し、恒常的かつ規模のある収入源として大きな期待を寄せており、ABSは決して放棄できなかったのである。

　さらに大きいのは、ABSはこれまで無収入だったものが収入を産む点にある。現在ほとんどただのものが有償化されることがもたらすインパクトの大きさも、ABSの意味合いの1つであるし、それがブラジルの様な国土の広い国やメガバイオダイバーシティと呼ばれる国々であれば、なおさらである。

　ではABS議定書はビジネスにとってはどのような意味を孕んでいるのだろうか。遺伝資源が対象という点では影響を受ける産業セクターは限定的である

が、この議定書のエッセンスは単なる遺伝子ビジネスを超えたところにある。COP9で発表された『生物多様性と生態系サービスの経済学』を受けて、生物多様性の価値の内部化の議論が現在進展しているが、ABS議定書はその壮大な社会実験とも言えるからである。これまで価格換算できないからコストには計上されなかった生物多様性や生態系サービスを、同等のサービスを人工的に提供するとした場合にかかるコストで金額換算してみるのが生物多様性や生態系サービスの価値化だが、これまでは自然界から無償で提供されていると思ってきたものを原材料コストに組み込むという点に着目すれば、ABS議定書も同じである。しかも、ABS議定書の場合、この価値は遺伝資源を利用したい企業が個別に相手国政府と交渉しなければいけない。利益還元率は議定書がアプリオリに定めているわけではなく、企業側が製造コスト計算に吸収可能な範囲もしくは価格に転嫁可能な水準でなければ交渉は成立しないので、ABSにおける価値化は市場メカニズムによる値決めとなり、今後事業活動への生物多様性および生態系サービスの金銭的組み込みが進展するかどうかの試金石となれるかもしれない。

　もう1つABS議定書が示唆しているのが、規制（mandatory）か自主（voluntary）かの議論である。遺伝資源の利用については議定書が成立する以前にボン・ガイドラインという、自主ルールが制定されており、まったく無法状態だったわけではない。しかしながら、途上国は企業の自主性に委ねることで良しとはせず、国が規制する事を要求したため、議定書策定となったのである。企業が利益を挙げるプロセスでさまざまなステークホルダーの利害を尊重し、単に経済性だけを追求するのではなく社会性や環境への影響に配慮する企業の社会的責任（CSR）は日本企業にかなり定着し、相応の実績も挙がっているが、ボランタリーに進めるCSRでは不十分とされているのである。かつ、遺伝資源保有国に還元される利益は生物多様性保全の資金に充当されるとなっており、間接的ながら利益の使途が国際条約によって指定されているのである。日本では企業に対する信頼感が高く、企業の自主性に依存することが抵抗なく受け入れられるが、世界では必ずしもそうではなく、自主的なCSRでは納得してもらえないということを、この議定書から読み取るべきであろう。

3点目として、生物多様性が操業権の構成要素となったことが挙げられる。これまではボランタリーなCSRの世界で「社会的操業権」に過ぎなかったが、この議定書によって法律制度として義務化されることになる。この義務化の影響を受ける産業は限定的ではあるが、今後戦略的環境アセスメントの義務化等、特に事業の計画時点で生物多様性保全が要求事項となってくることは十分に予想される。

　このように、ビジネスにとって示唆するところの多いABSだが、議定書が発効したとしてもメカニズムとして本当に機能するかどうかはまだわからない。機能するには資源原産国側の法体制整備がまず必要であり、特にアフリカ諸国を中心として体制が整っていないのが現状だからである。ビジネスとの整合性以前にその問題が障害となって進まない可能性があることを付け加えておきたい。

4. 愛知目標のビジネスにとっての意味

　COP10で採択されたもう1つの大きな成果は、2011年から2020年までの戦略を定めたことである。これは「愛知目標」と呼ばれる20の目標から構成されるが、この20目標はDPSIR（Drivers-Pressures-State-Impact-Response）の構造になっている（付表2）。Driverとは、生物多様性損失の「根本要因」で、WWFの『生きている地球レポート（Living Planet Report）』（WWF 2010）では「原因となる要素（Causal Factor）」として人口・消費・資源利用の効率性を上位概念に置き、それをセクター分けしたものを「間接的プレッシャー」として2段階に分けて記載しているが、基本的にはわれわれの生産活動全般が生物多様性損失の原因になっている。この根本要因から生息地の損失や気候変動といった直接的圧力要因（Pressure）が発生し、それが生物多様性の状態（State）を作り出す。この生物多様性の状態が生態系サービスに影響（Impact）を及ぼし、それに対しどのような施策（Response）を取るかによって、本来の要因すなわちDriverに戻っていく（図8-1）。

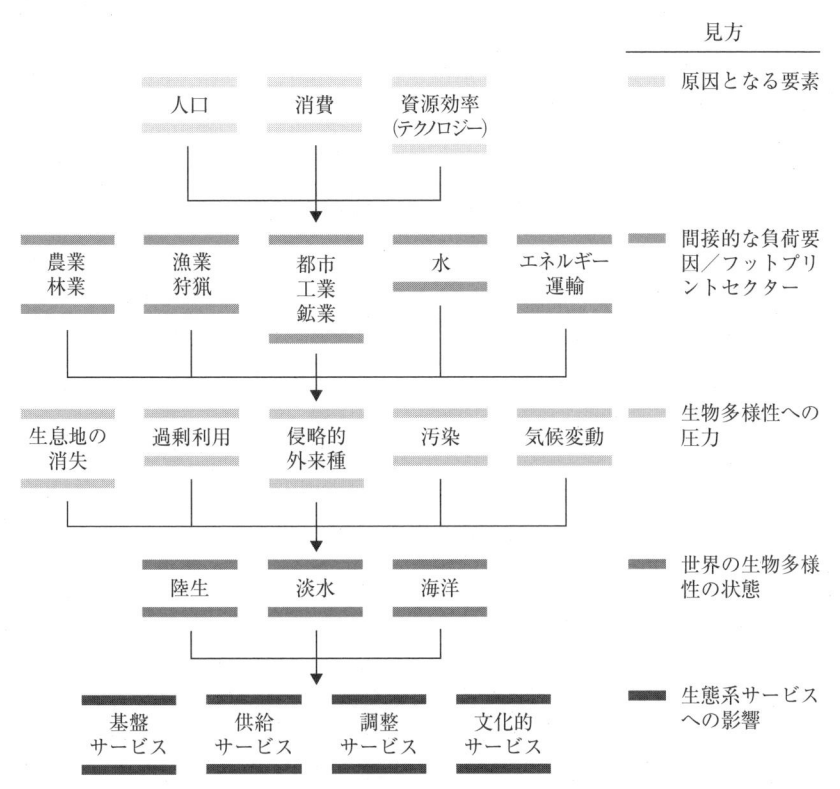

```
見方
┌─────┐  ┌─────┐  ┌─────────┐                              ▬ 原因となる要素
│ 人口 │  │ 消費 │  │ 資源効率 │
│      │  │      │  │(テクノロジー)│
└──┬──┘  └──┬──┘  └────┬────┘
   └────────┼──────────┘
            ▼
┌────┐ ┌────┐ ┌────┐ ┌──┐ ┌──────┐       ▬ 間接的な負荷要
│農業│ │漁業│ │都市│ │水│ │エネルギー│          因／フットプリ
│林業│ │狩猟│ │工業│ │  │ │運輸  │          ントセクター
│    │ │    │ │鉱業│ │  │ │      │
└────┘ └────┘ └──┬─┘ └──┘ └──────┘
                 ▼
┌────┐ ┌────┐ ┌────┐ ┌──┐ ┌──────┐       ▬ 生物多様性への
│生息地│ │過剰│ │侵略的│ │汚染│ │気候変動│          圧力
│の消失│ │利用│ │外来種│ │    │ │        │
└────┘ └────┘ └──┬─┘ └──┘ └──────┘
                 ▼
         ┌────┐ ┌────┐ ┌────┐              ▬ 世界の生物多様
         │陸生│ │淡水│ │海洋│                性の状態
         └─┬──┘ └─┬──┘ └─┬──┘
           └──────┼──────┘
                  ▼
    ┌────┐ ┌────┐ ┌────┐ ┌────┐        ▬ 生態系サービス
    │基盤│ │供給│ │調整│ │文化的│            への影響
    │サービス│ │サービス│ │サービス│ │サービス│
    └────┘ └────┘ └────┘ └────┘
```

図8-1　人、生物多様性、生態系の健全性、生態系サービス供給の間の相関関係[1]

では、この愛知目標がビジネスにどのような意味を持つのかを、この構造の段階毎に見ていこう。まず根本要因に関する目標では、目標4は本文中にビジネスと出てくる唯一の目標でもあり、目標達成のためにはビジネスも何らかのアクションを取ることが必要とされている。この目標は持続可能な生産および消費へと切り替えていくことを求めており、ビジネスが変わらない限り生産活動は変わらないので、企業側には特に持続可能な生産へのシフトが期待されている。さらに自然資源の利用を「生態学的限界の十分安全な範囲内」に留めるとしており、何をもってして「十分安全」となるのかは不明瞭ながら、事業方法を見直し、資源利用と生産活動を持続可能な水準に落とし込むことがこれから10年間企業にも求められていくことには変わりない。

根本要因に関する目標では、企業に対し率先したアクションを求めるものではないものの、事業活動に影響を及ぼしていくものとして、目標2も注目しておきたい。この目標は生物多様性価値を国家戦略に組み込むことを挙げており、名古屋議定書の意味として述べた経済的価値評価の問題である。これが国家レベルで実施されることは、これまで外部不経済とされていたものを内部化するというパラダイム転換が国レベルで生じることであり、生物多様性のビジネスへの組み込みにも当然影響が出るだろう。

　次に直接的圧力要因を見てみよう。ここでは持続的農林水産業を謳った目標6と7が重要である。農林水産業に従事している企業はごく限られているが、この目標はむしろユーザーとしての企業に成否が委ねられていると言っても過言ではなく、産業界全般に関係するのである。すなわち、持続的農林水産業の実現にはトレーサビリティの確保が鍵を握っており、企業がサプライチェーンマネジメントによって原材料調達上生物多様性への悪影響を及ぼしていないかどうか、検証することが求められてくるのである。それをシステム的に行おうというのが各種認証制度や円卓会議で、この愛知目標によって、各種認証制度や円卓会議が増加し、乱立していくことも予想される。いずれは淘汰されると思うが、利用する企業からすれば、どの認証でも安心していられるという状態にはなれず、認証制度の善し悪しを見抜く判断力が必要となろう。

　またトレーサビリティの確保ができていないことのリスクも増大する。2010年末にアメリカのNGO「熱帯林行動ネットワーク」では、児童書の出版会社に紙の調達方針有無を調査し、「本を子供のクリスマスのギフトに買う時はこの出版社で」と提唱する消費者キャンペーンを展開した。どのような産業セクターであれ、農林水産業だから関係ないとは言っていられないのである。しかしこのトレーサビリティの確保を単にリスクという負荷要素として見るのではなく、市場における差別化要素として捉えることもまた重要である。生物多様性が人びとの関心事となっていけば、市場機会としても機能する。したがって愛知目標6と7はリスクマネジメントとしての観点も当然あるが、市場機会としての可能性も内包していると見るべきである。

　根本要因および直接的圧力に比べ、状態やインパクト関連の目標がビジネス

にもたらす意味は間接的なものに留まるが、若干留意したいのが、目標15である。これは気候変動問題と関係するものだが、目標5の森林減少率目標と相まって、現在気候変動枠組条約で議論されている「森林減少・劣化からの温室効果ガス排出削減（REDD）」と生物多様性保全の整合性が問題となってくる。温室効果ガス削減は既に企業の環境対策の柱と言ってもよい課題であり、事業からの排出削減が難しい場合の代替措置としてREDDのスキームを利用することが今後出てくると予測されるが、REDDについては生物多様性保全の観点からは懸念も出されており、目標15に貢献するとはまだ言えないのが現状である。

5. 資金動員戦略のビジネスにとっての意味

　本章第2節の冒頭で述べたように、COP10ではABSと愛知目標に加え資金動員戦略がパッケージ化されたが、愛知目標の20番目も資金に関するものであり、保全のための資金をどうするかは常に課題である。ビジネスが生物多様性保全に貢献する場合も、実体としては資金協力が中心となるので、COP10の内容がビジネスに持つ意味の最後の柱として資金問題を取り上げたい。

　資金動員戦略そのものはCOP9ですでに採択されており、そこには実施主体として企業も含まれることが明記されている。また、革新的資金メカニズムをCOP10で議論することもこの時定められた。COP10に向けて日本では革新的資金メカニズムの部分のみ話題として盛り上がった感があるが、これはこの戦略の8つゴールの内の1つに過ぎず（付表3）、条約交渉ではゴール1こそが先進国と途上国の間の対立点であり、戦略の要であった。通常戦略を策定する場合、達成すべき具体的数値目標とその進捗状況を測るための指標がまず設定されるはずである。企業の場合、売上高やROE（株主資本利益率）等が数値目標あるいは指標として用いられよう。ところがこの資金動員戦略には経営目標にあたるゴールはあるものの指標も数値目標もなく、指標を策定できる

ようにすること自体がゴールの1つとなっているのである。
　COP10では会議最終日にようやく指標については合意できたものの、数値目標は次回の会議で検討することで終わった。これを企業の経営戦略に当てはめると、売上高を図る製品は決めたが目標とする売上高が決まっていないという状況であり、戦略としては不完全なままである。数値目標が無いのに指標を議論するのは無意味であり、数値目標も設定すべきという主張が途上国からはかなり強く出されていたが、先進国が金額の明示には否定的で、指標から目標を設定するというアプローチを最後まで押し通したのである。そのような状態なので、日本で関心を集めた革新的資金メカニズムはほとんど議論されずに終わり、愛知目標の20で目指すべき金額も明示できずに終わった。
　8つのゴールはCOP10とCOP11で議論するものが決まっており、革新的資金メカニズムはCOP11での議論対象とはならない。なので、これから2年間は特に議論が進展することはないと思われるが、資金面でビジネスはどう生物多様性の問題に関わりうるのか、あるいは要請されるのかを扱っているものなので、どのような議論であったかを紹介しておく。
　COP9で革新的資金メカニズムの政策研究をCOP10までに進めることが決まり、ドイツ政府の主催によるワークショップが2010年1月に1回開催された。ここでは6つの具体的手法が議論されたが、これを官民のスペクトラムで官から順に列挙すると、以下のようになる。

① 財政改革
② 開発援助
③ 気候変動用資金メカニズムとのシナジー
④ 生態系サービスへの支払い（PES）
⑤ オフセット
⑥ グリーン市場

　オフセットは政府の公共事業にも用いられる手法であり、グリーン市場も政府のグリーン調達が要素としてあるが、民間の比重がより高い分野なので、ここではこの2つを紹介しておきたい。
　まず生物多様性オフセットだが、これは開発事業をある場所で実施した結

果そこから失われた生物多様性を別な場所でその分新たに作り出し、損失を相殺するというスキームである。1980年代のアメリカ合衆国で河川流域の開発事業にあたって用いられており、スキームとしては決して新しいものではないし、日本では実施されていないが他の先進国でも見られる手法である。オフセットと聞くと、気候変動問題ではカーボンオフセットが仕組みとして定着してきているが、二酸化炭素と異なり生物多様性は地域性が非常に強く、例えばアメリカで失われた生物多様性を日本で補うということは、同等の価値でオフセットとはなれない。したがって二酸化炭素のような国際的取引制度とすることは目指していないが、一方的開発事業が進む途上国に相殺のコンセプトを導入し、開発と保全の両立を図る有効な手法としての可能性が現在模索されている。ノウハウを持たない途上国を国際的にサポートする仕組み、具体的には国際的スタンダードの設定や経験共有、場所設定や地域計画作りのツール提供、検証・監査手続きの開発、技術的政策的アドバイスを行うことが挙がっている。COP10でもオフセットの考え方自体は否定されておらず、パイロット事業も行われているので、革新的資金メカニズムとしての議論とは別に、手法として利用されていくことはあるだろう。

　もう1つのグリーン市場は、保全資金をグリーン市場から調達するものではなく、グリーン市場の拡大により生物多様性保全のコスト削減効果を狙うという考え方である。資金メカニズムと言っても企業に求められるのは寄付等の金銭的支援ではなく、供給・需要の両面でグリーン市場を形成・拡大していくことである。市場拡大上の問題点として、「グリーン」の定義が確定していないこと、さまざまな認証制度がそれぞれの基準で運営されており、認証制度間の調和も無いため、何をもってグリーン市場と認めるのかが曖昧であることが挙げられる。市場への参加者も先進国の大企業が中心であり、中小企業や途上国の事業者がプレーヤーとなっていない現状では、市場拡大には政策的誘導が必要であり、政府自身もグリーン調達や投融資を通じて市場に影響力のあるプレーヤーとして参加することが期待される。

　ただ、こうした議論はほとんど先進国の関係者間の議論で、途上国の意見が反映されたものとは言い難い。この偏りが2010年5月のWGRIで途上国から

の反発を招き、議論が進まなくなったというのが実情である。資金を出す先進国側と資金を必要とする途上国側の認識が共有されていないので、近い将来これらがメカニズムとして機能するとは考えづらいが、先進的企業は国家間の正規の制度となるかどうかによらずこうした議論を先取りした動きをすでに取っており、民間主導で事実上形作られていくことも十分あるだろう。

6. グリーン開発メカニズム（GDM）

　革新的資金メカニズムと関連して、もう1つ日本で関心を集めたのがグリーン開発メカニズム論である。当初は手法の1つとして生物多様性オフセットも盛り込まれていたため、混同されがちであるが、オフセットが必須でもなく、メカニズムという名称にあるように、オフセットも含めた手法の組み合わせで、生物多様性保全と途上国の開発の両立を目指すスキームである。同じメカニズムという表現ながら、革新的資金メカニズム以上に純粋に民間からの資金獲得を目指したもので、オランダが議論の場を形成した。2009年2月に約40名の専門家が集まった最初の会合がアムステルダムで開催され、オフセットの他、キャップ＆トレード、フットプリント課税、輸入コモディティへのグリーン課税が手法として議論された。
　革新的資金メカニズム議論と違い、GDMは国際会議や個別会合を通じて先進国・途上国双方の関係者と意見交換を行っている。革新的資金メカニズムワークショップでも俎上に上ったが、生物多様性オフセットについては国際的取引を目指すべきではないとの結論が出ていたこともあり、ここでは可能な手法としてフットプリント課税に議論が集中した。キャップ＆トレードは生物多様性の価値をどう測れるかという根本的問題があり、取引や市場メカニズムの価値はまだ無理と判断されたからである。しかし同時にフットプリント課税には世界貿易機関（WTO）のルールに抵触する恐れがあることと、今の経済状況で政府が新たな課税システムを導入することは考えづらいという障害が指摘され、議論が手詰まりとなった感がある。

そのせいか、2010年2月にインドネシアで開催された第2回専門家会合では、途上故国の意見を聞くことを主たる目的としていたこともあり、第1回会合で議論されたツールは姿を消し、現場プロジェクトの面積当たりの価値評価が議論の中心となった。またこのメカニズムへの期待も資金を直接動かすというよりも、現場プロジェクトを評価する認証制度として機能することに置かれ、革新的資金メカニズム議論では出てこなかった途上国側のニーズが浮き彫りになったのである。

5月のWGRIでも途上国側の意向は先進国の企業に果たして需要があるのかという点で、関心はあるものの全般的に警戒感の方が強く、積極的に検討を支持したのはスイスぐらいである。パイロット事業が実際行われている生物多様性オフセットと違い、実在していないだけに、構想として条約の文書内で言及することも結局COP10で否定され、今後このコンセプトが進展するのかはまったく不透明である。

7. 生物多様性条約以外の動き

生物多様性とビジネスの議論は決して条約の中だけで展開しているわけではない。グリーン市場の項でも述べたように、企業の活動は政府の意思決定によらず、自律的に市場メカニズムに応じて展開していくので、条約よりもむしろ条約の外での動きの方が直接影響してくると言ってもよい。

その点でまず大きいのは『生物多様性と生態系サービスの経済学（TEEB）』である。TEEBには国際政策・国家政策決定者向け（D1）、地方自治体レベル向け（D2）、企業向け（D3）、市民向け（D4）の4つのレベルがあり、個人から国家レベルにまで理解を浸透させることを目論んでいる。そのメッセージの基本は生物多様性の主流化であるが、それを経済価値化することで主流化する点に特徴がある。いかに価値を認識するか、その方法を提示しようとしているわけだが、価値化を巡っては当然のことながら批判も寄せられている。サービスという表現が象徴するように、人間に効用がある面のみが評価され、人間に

対しての効用が低いものは評価が低くなるリスクや、生物多様性自身の本質的価値が測れない点が、よく言われる懸念である。ただ TEEB 自身言っているように、経済価値化は1つの手法として否定されるものではないし、基本的には国際的に支持を受けている提言である。またその論旨は自然資本を過少評価すれば資本減耗を招く点にあり、それを回避するための不可欠なステップを市場と政策と規制をミックスしながら取っていかなければいけないことにある。だからこそ、政策決定者だけではなく、ビジネスひいては消費者にもメッセージが発信されている。

ただ TEEB はそのタイトルからも分かるように経済学であり、企業の実務担当者が業務にそのまますぐ応用できるツールと言うには、報告書の分量も多く、実用的とは言い難い。実用性という点では、各種のビジネスプラットフォームが立ち上がっており、かつ性質やアプローチが異なるので、むしろ企業には馴染みがよいだろう。

その先駆けとなっているのが、冒頭の「議論の経緯」で紹介した、B&Bイニシアティブである。ドイツ政府の機関が運営にあたっているというのは、官による誘導が黎明期には必要であることを示唆している。参加企業数は2010年末時点でも42社だが、このイニシアティブの目的はリーディングカンパニーをつくることにあるので、参加企業数はこのイニシアティブの意義を判断する上では重要な要素ではない。むしろ、社数が多いというのはリーディングカンパニーと称される基準の低さを疑われかねない。業種としては特に制限はないが、重要なのは多様な業種でリーディングカンパニーが存在することであり、かつその中でも生物多様性との関連性から非常に重要と思われる業種でリーディングカンパニーを出すことを重視している。また、実務面にかなり力を入れており、2010年6月に『生物多様性マネジメントハンドブック』を発表した。このハンドブックは社内部署に合わせた活動メニューの策定手順が示されており、実務担当のニーズに応えた内容と言えるだろう。

上記イニシアティブは言わば少数精鋭主義だが、これの対極に位置づけられるのが、日本経団連が主導している「生物多様性民間参画イニシアティブ」である。一般的に日本の場合は、横並びという表現で象徴されるように全員が参

加することをより重視するので、この場合は参加企業数が重要となってくる。100人が1を実践する日本型と1人が100を実践するドイツ型の違いとも言えよう。もう1つのドイツとの違いは官の役割である。日本でも環境省が2009年に民間参画ガイドラインを策定しているが、イニシアティブを主導するという立場は取らず、ガイドラインも参照材料の1つであって、あくまで経済団体による民間主導に委ねている点も日本的である。

　この2つとは趣が異なるが、グローバルな議論のリード役を負っているのが、COP10で「産業界と生態系デー」を主催したWBCSDである。この組織は生物多様性のために作られた組織ではなく、持続的経営という大きなテーマの下、生態系サービスを取組課題の1つとして設定している。WBCSDでもガイドラインが策定されているが、これは上述のハンドブックと違い、生態系サービスと自社の事業活動の関わりを分析し戦略策定をどう進めるべきかという、実務というよりも経営戦略策定レベルでの取り込みに焦点が当てられている。すでに戦略が明確になっている企業であれば、このガイドラインに頼らずハンドブックで具体的活動計画策定へと進めばよいが、まだ生態系との関わりが分かっていない段階であればガイドラインを利用して会社の哲学と親和する戦略策定から始めることになる。今後更に価値算定のツールも発表される予定で、経営レベル・実務レベルのニーズに応じたものが揃ってくるだろう。

　2010年6月から始動したばかりではあるが、EUがまさにプラットフォーム（Business @ Biodiversity Platform）そのものを立ち上げたことも注目に値する。基本的には情報共有を目的としているが、表彰制度も検討している。まだ始まったばかりなので何をもって表彰するのかはこれからの議論となっているが、2010年は重点セクターとして、農業セクター、食品サプライチェーンセクター、林業、鉱業、金融、そしてツーリズムを位置づけていることと、中小企業を重視しているので、表彰制度もこのあたりを対象としてくるのではないだろうか。ドイツのみならずヨーロッパでは官が積極的に生物多様性とビジネスの問題を主導しており、政策的誘導が具体的に進んでいる。

　生物多様性の価値化理論を提示したTEEBや実務的なプラットフォーム以上に、直接的かつ直近の影響を持ちうるのが投資業界の動きである。社会的責

任投資（SRI）は日本でも定着してきているが、ここに生物多様性が重要な項目として浮上しつつあるからだ。環境問題では気候変動問題への取組として、温室効果ガスについての情報開示を財務報告書等で行っているかどうかを見るカーボン・ディスクロージャーがイギリスで数年前に始まったが、この生物多様性版と言える Forest Footprint Disclosure が同じくイギリスで2009年に発表された。

　これは森林に関する5つの産品[2]についての調達方針有無を確認するものだが、産品が限定的であるとはいえ、対象となる業界は幅広く[3]、工業製品でも例えば自動車ではシートの内装材に使用する牛革の調達方針が問われるなど、無関係でいられる業界の方が少ないと言えるだろう。他にも、UNEP金融イニシアティブがNGOと共同で食品・タバコ・飲料の3つを対象として、5つの評価項目[4]から企業ランク付けを行っており、投資家から一定の評価は得ているようである。こうしたSRIの調査項目に生物多様性が追加され、質問されることが増えてくると、企業側も自社評価維持もしくは向上のため、回答できる体制をコストもかけて整備していかなければならない。この点は次節で改めて触れたい。

8. 事業活動と生物多様性

　以上見てきたように、生物多様性条約に端緒を得つつも、ビジネスと生物多様性の問題は条約の議論にとどまることなく、進展を見せている。そこでこの章の締めくくりとして、事業活動に生物多様性がもたらすインパクトを4つ挙げておきたい。

　まず、市場機会としての生物多様性がある。生物多様性条約が目標として掲げた「生物多様性の主流化」とは、消費者の購買行動様式において、生物多様性が選好要素の1つとなることを意味する。実際には、エコポイントやエコカー補助金にみられるような政策誘導により、消費者の間で商品特性の1つとして認識されるようになるというのが道筋だろう。またSRIで触れたように、

既に投資・金融の世界では新規ビジネスとしての動きが実際に出ている。さらに今後投資判断基準や認証制度等のツールが発展・増殖していく中で、単に義務的受け身として生物多様性への対策を講じるのではなく、ツールを活用して市場のパイオニアとなり、先行者利益を挙げつつある企業も出ている。WWFでは水産物の認証制度である海洋管理評議会（MSC）や持続的パーム油のための円卓会議（RSPO）を主導してきたが、そのパートナーとして制度検討の初期段階から参画していたのがユニリーバであり、彼らは制度設計に関与してきた利点を生かし、例えばパーム油については2015年までに全量をRSPOの認証が取得できたものに切り替えると宣言している。ツールができ上がるのを待つではなく、自社が有利に運用できるようなグローバルな市場ルールを作る機会を生物多様性は提供しているのである。

　2番目はリスクとしての生物多様性である。リスクには2種類あり、生物多様性に悪影響を与える汚染者リスクと、生物多様性への依存から生じる依存者・受益者リスクの双方に注意しなければいけない。前者については一般的に環境破壊と称される1つであり、投資に見合う企業であるかどうかの適格性評価（due diligence）で、汚染者としての自覚が無い、あるいは自覚はあるものの対策が不十分、さらには間違っているとなれば、企業評価の向上はおろか維持も危うい。またそこまででないとしてもいわゆるブランドイメージに傷がつくリスクが残る。そのような事態を回避するにはこれまでの操業方法を見直す必要性もあり、リスクマネジメントの一環に生物多様性を組み込まなければならない。

　汚染者リスクはこれまでの環境対策の流れでもあるので、比較的認識されやすいが、生物多様性ならではの2番目の受益者リスクが意外と見落とされやすい。例えば、水の供給は当たり前と思われているかもしれないが、利用可能な淡水の総量は実は極めて限られており、WWFと淡水保全についてパートナーシップを形成したコカコーラ社の懸念はまさにこの点にあったことからもわかるように、生態系サービスは今や維持する努力が必要なのである。淡水は製造プロセス全般で必要であり、この供給が安定的でなくなれば、安定的操業が脅かされる。もう1つ安定的操業の基盤である電力にしても、例えば水力発電の

ダムが洪水で決壊し電力供給に支障をきたす事態が世界ではすでに発生しており、生態系の基盤サービスが崩れる依存リスクは産業によらず存在している。

生態系サービスの供給サービス、すなわちさまざまな原材料提供も、生物多様性が減少すれば劣化し、原材料調達に困難をきたす。これはサプライチェーンマネジメントの問題となるが、複雑なサプライチェーンの中では間接的に依存している原材料の把握が意外とできておらず、これも業界によらず認識が必要な点である。

3点目はコストとしての生物多様性である。前述の汚染者という観点でみると、生物多様性オフセットで典型的に観察されるように、生物多様性の損失の代替・補償費用が今後求められて来よう。SRIへの対応も実態としてはコストとなってくる。また受益者という観点では、資源価格にこれまで反映されてこなかった生物多様性や生態系サービスが内部経済化されることで、価格が上昇することが予想され、これが多岐に亘るあるいはコストのかなりの部分を占めるとなれば、これまでは低コスト構造だった事業構造が高コスト構造に変わる可能性も否定できない。中長期的な経営計画に生物多様性コストを組み込むことが求められよう。

それを突き詰めれば、4点目の意味合いとしてビジネスの持続可能性に突き当たる。コスト上昇は吸収できたとしても、インドや中国等新興国による原材料需要もあり、原材料の入手自体が困難になりつつある。代替調達が可能としても、代替調達先も潤沢ではなく、生物資源自体が減少しているために調達全体に限界がある。さらに前述のような生態系サービス全般の劣化も加わり、生物多様性と生態系サービスが事業を根幹から揺さぶるインパクトとなるのである。

ではビジネスは単に手をこまねいて、すべてが崩壊していくのをただ待つだけかといえば、そうではなく、ビジネスの持続性のために生物多様性と生態系サービスへの投資が求められている時代なのである。これまでは、企業の社会貢献として寄付活動の範疇であったが、もはや寄付ではない。経済学がその必要額を算出しようとしているのも、投資と考えるべきだからである。現在の生物多様性とビジネスという議論の根本はここにあり、それを正しく理解しなけ

れば、気が付いた時にはビジネスの基盤が失われている時代に突入していたということになりかねない。生物多様性は企業だけでは保全できないが、ビジネス界の取り組みなくしても保全されない。そしてそのつけは個々の企業にも跳ね返ってくる。社会的責任のためではなく、自らの継続性のために取り組むという視点が必要である。

付表1　ジャカルタ宣言（要旨）

1) 生物多様性と生態系サービスの価値を、経済モデルと政策により一層反映させる。生物多様性と生態系サービスの持続的マネージメントは将来の事業活動の源であり、新たなビジネス機会と市場の条件でもある。
2) 生物多様性をビジネスへ取り込むアプローチとして、自発的企業活動は勿論だが、グリーン開発メカニズム、国際規格、認証システム等市場志向の政策が考えられる。
3) 生物多様性とビジネスとの統合により貧困削減と持続可能な開発に貢献する。
4) 生物多様性のノーネットロスおよびネットポジティブインパクトの概念は実用的フレームワークである。
5) 生物多様性に関するデータの量、質、利便性を改善し、保全と持続的利用を支えるような企業の意思決定や実践を促進する。
6) 生物多様性に関する消費者や投資家、中小企業、その他利害関係者間の認知度を高め教育する。
7) 意思決定と実践のための能力向上に向けた既存の総合的能力開発スキームをスケールアップする。
8) 生物多様性と生態系に関する政府間科学政策プラットフォームの確立を支援する。
9) 民間の参画を増やし、企業の戦略に生物多様性が取り込まれるような政策環境を創出する。
10)「ビジネスと生物多様性アジェンダ推進戦略」をCOP10で検討する。
11) ポスト2010年目標及び戦略の実施に不可欠な民間部門のコミットメントとリーダーシップを強化する。
12) 国、産業界、市民セクターその他ステークホルダー間の対話と協働を推進するためのマルチセクター型グローバルフォーラムが必要である。
13) 上記グローバルフォーラムをCOP11以前に開催する。
14) 産業界がこの宣言を支持し、「産業界と生態系デー」が設けられるCOP10に積極的に参加する。

付表2　愛知目標（括弧は筆者註）

戦略目標A．各政府と各社会において生物多様性を主流化することにより、生物多様性の損失の根本原因に対処する。（Driverに関する目標）
目標1：遅くとも2020年までに、生物多様性の価値と、それを保全し持続可能に利用するために可能な行動を、人びとが認識する。
目標2：遅くとも2020年までに、生物多様性の価値が、国と地方の開発・貧困解消のための戦略及び計画プロセスに統合され、適切な場合には国家勘定、また報告制度に組み込まれている。
目標3：遅くとも2020年までに、条約その他の国際的義務に整合し調和するかたちで、国内の社会経済状況を考慮しつつ、負の影響を最小化または回避するために生物多様性に有害な奨励措置（補助金を含む）が廃止され、段階的に廃止され、または改革され、また、生物多様性の保全及び持続可能な利用のための正の奨励措置が策定され、適用される。
目標4：遅くとも2020年までに、政府、ビジネスおよびあらゆるレベルの関係者が、持続可能な生産及び消費のための計画を達成するための行動を行い、またはそのための計画を実施しており、また自然資源の利用の影響を生態学的限界の十分安全な範囲内に抑える。
戦略目標B．生物多様性への直接的な圧力を減少させ、持続可能な利用を促進する。（Pressuresに関する目標）
目標5：2020年までに、森林を含む自然生息地の損失の速度が少なくとも半減、また可能な場合には零に近づき、また、それらの生息地の劣化と分断が顕著に減少する。
目標6：2020年までに、すべての魚類、無脊椎動物の資源と水生植物が持続的かつ法律に沿ってかつ生態系を基盤とするアプローチを適用して管理、収穫され、それによって過剰漁獲を避け、回復計画や対策が枯渇した種に対して実施され、絶滅危惧種や脆弱な生態系に対する漁業の深刻な影響をなくし、資源、種、生態系への漁業の影響を生態学的な安全の限界の範囲内に抑えられる。
目標7：2020年までに、農業、養殖業、林業が行われる地域が、生物多様性の保全を確保するよう持続的に管理される。
目標8：2020年までに、過剰栄養などによる汚染が、生態系機能と生物多様性に有害とならない水準まで抑えられる。
目標9：2020年までに、侵略的外来種とその定着経路が特定され、優先順位付けられ、優先度の高い種が制御されまたは根絶される、また、侵略的外来種の導入または定着を防止するために定着経路を管理するための対策が講じられる。

目標10：2015年までに、気候変動または海洋酸性化により影響を受けるサンゴ礁その他の脆弱な生態系について、その生態系を悪化させる複合的な人為的圧力を最小化し、その健全性と機能を維持する。

戦略目標C．生態系、種及び遺伝子の多様性を守ることにより、生物多様性の状況を改善する。（State に関する目標）

目標11：2020年までに、少なくとも陸域および内陸水域の17％、また沿岸域および海域の10％、特に、生物多様性と生態系サービスに特別に重要な地域が、効果的、衡平に管理され、かつ生態学的に代表的な良く連結された保護地域システムやその他の効果的な地域をベースとする手段を通じて保全され、また、より広域の陸上景観または海洋景観に統合される。

目標12：2020年までに、既知の絶滅危惧種の絶滅および減少が防止され、また特に減少している種に対する保全状況の維持や改善が達成される。

目標13：2020年までに、社会経済的、文化的に貴重な種を含む作物、家畜及びその野生近縁種の遺伝子の多様性が維持され、その遺伝資源の流出を最小化し、遺伝子の多様性を保護するための戦略が策定され、実施される。

戦略目標D．生物多様性及び生態系サービスから得られるすべての人のための恩恵を強化する。（Impact に関する目標）

目標14：2020年までに、生態系が水に関連するものを含む基本的なサービスを提供し、人の健康、生活、福利に貢献し、回復および保全され、その際には女性、先住民、地域社会、貧困層および弱者のニーズが考慮される。

目標15：2020年までに、劣化した生態系の少なくとも15％以上の回復を含む生態系の保全と回復を通じ、生態系の回復力および二酸化炭素の貯蔵に対する生物多様性の貢献が強化され、それが気候変動の緩和と適応および砂漠化対処に貢献する。

目標16：2015年までに、遺伝資源へのアクセスとその利用から生ずる利益の公正かつ衡平な配分に関する名古屋議定書が、国内法制度に従って施行され、運用される。

戦略目標E．参加型計画立案、知識管理と能力開発を通じて実施を強化する。（Response としての目標）

目標17：2020年までに、各締約国が、効果的で、参加型の改訂生物多様性国家戦略および行動計画を策定し、政策手段として採用し、実施している。

目標18：2020年までに、生物多様性とその慣習的な持続可能な利用に関連して、先住民と地域社会の伝統的知識、工夫、慣行が、国内法と関連する国際的義

務に従って尊重され、生物多様性条約とその作業計画及び横断的事項の実施において、先住民と地域社会の完全かつ効果的な参加のもとに、あらゆるレベルで、完全に認識され、主流化される。

目標19：2020年までに、生物多様性、その価値や機能、その現状や傾向、その損失の結果に関連する知識、科学的基礎および技術が改善され、広く共有され、適用される。

目標20：少なくとも2020年までに、2011年から2020年までの戦略計画の効果的実施のための、すべての資金源からの、また資金動員戦略における統合、合意されたプロセスに基づく資金資源動員が、現在のレベルから顕著に増加すべきである。この目標は、締約国により策定、報告される資源のニーズアセスメントによって変更される必要がある。

付表3　資金動員戦略の8つのゴール

1. 資金の必要性、ギャップ、優先事項に関する情報基盤改善
2. 資金利用と国内資金動員に関するキャパシティ強化
3. 既存の資金制度強化および成功している資金メカニズムの模倣とスケールアップ
4. 革新的資金メカニズム開発
5. 開発協力計画への生物多様性組み込み
6. 南南協力推進
7. ABSメカニズム実施向上
8. 地球全体での資金動員取組推進

【注】
1) 世界自然保護基金『生きている地球レポート2010年版（仮訳）』WWF、2010年、11頁。
2) 畜産、パームオイル、大豆、木材、バイオ燃料の5産品。
3) 対象業界は、石油・ガス、食品・飲料、パーソナルケア・家庭用品、農業・水産業、食品小売、総合小売、基礎材（例えば、製紙、合板など）、工業製品・自動車、その他消費財、電気・ガス・水道。
4) ①競争上の優位性、②ガバナンス、③ポリシーと戦略、④マネージメントと実施、⑤報告の5項目。

参考文献

TEEB. *The Economics of Ecosystems and Biodiversity Report for Business-Executive Summary.* Malta: Progress Press, 2010.

WWF, Zoological Society of London, and Global Footprint Network. *Living Planet Report 2010: Biodiversity, biocapacity and development.* Gland, Switzerland: WWF, 2010.

9 生物多様性と地域開発
―愛知ターゲットと保護地域ガバナンス―

高橋　進

1. はじめに

　生物多様性条約第10回締約国会議（COP10）は、会期末の2010（平成22）年10月29日深夜（30日未明）に遺伝資源へのアクセスと利益配分（ABS）のルールを定めた「名古屋議定書」、および生物多様性の保全と持続可能な利用のための目標を示した「愛知ターゲット（愛知目標）」を採択して閉幕した。この愛知ターゲットで数少ない数値目標が設定された保護地域（Protected Areas）の面積割合も、先進国と途上国の間で最後まで論争が残った項目の1つだ。

　生物多様性保全と貧困の軽減との関連については、多くの指摘や事例が提示されている。両者の関係とはすなわち、貧困層は日常生活で生物多様性に依存しており、また生物多様性保全は貧困の軽減の手段となりうるものであることである。そして保護地域は、この貧困の軽減のためにも貢献するという（Morris and Vathana 2003; Higgins-Zogib et al. 2010; Secretariat of CBD 2010）。

　それにもかかわらず、愛知ターゲットの保護地域面積割合の採択に際して、なぜ先進国と途上国との対立が生じたのか。そこには、保護地域をめぐる歴史を背景とした「保全」と「開発」に関する先進国と途上国の対立（南北対立）が色濃く反映されている。本章では「生物多様性と地域開発」という課題に対

して、主として保護地域のガバナンスと地域社会との関係に焦点を当てて論じる。

2. 愛知ターゲットと保護地域―保護地域の拡大でなぜ対立するのか―

(1) 生物多様性条約と保護地域

　1992年に成立した「生物多様性条約（CBD）」は、その当初の条約案では生物多様性の保全が中心目的だったが、成立過程で遺伝資源関連項目が盛り込まれてきた。こうしたこともあり、CBDでは条約の目的（第1条）として、生物資源の持続可能な利用、遺伝資源利用がもたらす利益の衡平な配分よりも先に、「生物多様性の保全」が掲げられている。そして、保全のための措置として、国家戦略の策定、特定と監視などとともに、「生息域内保全（*in-situ* conservation）」（第8条）が示されている。この生息域内保全とは、自然状態で多様性を保全することであり、保護地域の指定・管理、生態系の修復・復元、種の回復、バイオテクノロジー改変生物の管理、外来種導入の制御、これらのための法制度整備等が要請される。この生息域内保全は、生物多様性保全のための最も重要なものであり、中でも「保護地域」は保全のための国家戦略の中心的要素をなすものでもある。

　なお、「生息域外保全（*ex-situ* conservation）」（第9条）は、人間の管理下などで多様性を保全することで、動植物園などでの保全のほか、ジーンバンクなどでの種子・卵精子およびDNA遺伝子レベルでの保存が含まれ、域外保全・研究のための施設整備、種の回復と生息地への再導入等が要請される。

(2) 2010年目標と保護地域

　2002年4月にオランダ・ハーグで開催されたCBD-COP6では、「締約国は現在の生物多様性の損失速度を2010年までに顕著に減少させる」ことを戦略計画とする、いわゆる「2010年目標（2010 Target）」が採択された。その後のCOP7（2004年マレーシア・クアラルンプール）では「2010年目標」実施

第9章 生物多様性と地域開発—愛知ターゲットと保護地域ガバナンス— 179

のための戦略などが決議された。

　COP7で決議された保護地域に関する2010年目標としては、次の2つが挙げられる。まず達成計画として、陸上は2010年までに、海域は2012年までに、適正に管理された生態学的に代表的な国や地域などの保護地域システムを達成するための「保護地域作業プログラム（PoWPA）」が採択された（決議Ⅶ/28）。また、2010年目標の達成度評価のために目標をより明確にした「目標のための暫定枠組み」において最終目標1として、世界の生態学的地域（エコリージョン）のそれぞれで少なくとも10%が効果的に保全されること（目標1.1）、および、生物多様性にとって特に重要な地域が保護されること（目標1.2）が採択された（決議Ⅶ/30）。このため保護地域に関する2010年目標は、一般的には、「陸域では2010年までに、海域では2012年までに、保護地域の面積割合を10%以上とすること」と理解されている。なお、この10%目標は、第4回世界国立公園会議（1992年ベネズエラ・カラカス）および第5回世界国立公園会議（2003年南アフリカ共和国・ダーバン）で採択された勧告にすでに盛り込まれていたものでもある[1]。

　この保護地域の割合は、COP8（2006年ブラジル・クリチバ）においても「2010年目標」の達成度評価の指標の1つとして示された（決議Ⅷ/15）。また、「国連ミレニアム生態系評価（Millennium Ecosystem Assessment）」（2001～2005年）でも指標として採用されている。さらに、「地球規模生物多様性概況第3版（Global Biodiversity Outlook 3）」（2010年）では、COP7で採択された2010年目標暫定枠組みに基づき達成状況が評価された。これによると、2010年目標全体では達成されていないものが多いなかで、保護地域に関しては進展があったと評価された。しかし、エコリージョン、特に陸水域や海域の生態系においては、まだ未指定も多く、また管理が十分でない保護地域も多いとの指摘もあった。

　実際、世界の保護地域は2008年までに12万カ所以上、カナダの国土面積の2倍以上に相当する2,100百万km^{2}にも及んでいる。しかし、陸域の保護地域は陸地面積の12.2%を占める一方で、海域の保護地域はおよそ1%（領海内5.9%、領海外0.5%）にとどまっている。また、世界236カ国中で国土

（領土・領海）面積の 10%以上の保護地域を有する国は、陸域保護地域では 45%、海域保護地域では 14%の国にすぎない（2010 Biodiversity Indicators Partnership 2010）。また、数字上では保護地域面積は増加していても、途上国などでは単に地図上で指定しただけで、実際には保護地域として管理されておらず、その機能を有していないもの（実態のない地図上公園 Paper Park）も多い。

このような実情から、COP7 における 2010 年目標の採択時点ではすでに全陸域の 11%は保護地域に指定されてはいたが、代表的な生態系や危機に瀕した生息地などの保全には十分ではないとして、「世界の生態学的地域（エコリージョン）のそれぞれ」における保護地域の目標が設定されることになった。

（3） ポスト 2010 年目標—愛知ターゲット—

これまでみてきたように、保護地域の設定は生物多様性保全のための中心となる施策として位置づけられている。それであれば、保護地域は多いほど、また面積も大きいほどよいに違いない。「ポスト 2010 年目標」原案として COP10 に向けて提案議論されてきた 20 項目の多くは抽象的・定性的な表現だが、保護地域割合は具体的な数値目標が設定されることになる。この目標値をめぐって、2010 年現在の陸上保護地域面積割合の約 14%を上回る 15%あるいは 20%を提案する EU や日本などの先進国と、それに反対する中国やアフリカ諸国などの対立は、COP10 本会議の最終日まで続いた。海域については、現状でも保護地域割合は 1%程度にすぎず、原案では目標値の設定さえ書き込めない有様だった。

途上国が保護地域面積割合の拡大に反対したのは、一言でいえば、開発などに支障があり、世界の生物多様性保全の恩恵は先進国が受けるのに、保全のために途上国だけが犠牲を強いられていると考えるからだ。単に自然状態を維持するだけで森林伐採など資源利用もできない保護地域は、何も利益を生み出さないと途上国は考える。それだけではなく、保護地域として管理するためには、保護地域の資源に依存する住民から自然を守るためのレンジャーなど、保

護のための費用も膨大なものとなる。こうした点も、途上国の被害者意識を一層高めることになる。

　これらの対立を乗り越え、最終日に「愛知ターゲット」として採択されたのは、生物多様性の損失を何とか食い止めようとする世界各国の"強い意志"と、日本による「いのちの共生イニシアチブ」（20億ドル）や「生物多様性日本基金」（10億円）など、先進国による途上国への資金供与支援表明を含む"妥協"によるものである。こうして成立した「愛知ターゲット」では、2011年から2020年までの戦略計画目標として、「2020年までに生態系が強靭で基礎的なサービスを提供できるよう、生物多様性の損失を止めるために、実効的かつ緊急の行動を起こす」こととし、保護地域割合は陸域17%、海域10%とされた。

　前述のような考えに基づく南北対立の構図は、制定過程を含むCBDの全般、特に遺伝資源へのアクセスと利益配分（ABS）のための議論（「名古屋議定書」交渉）などに典型的にみることができる（高橋2005）。また、地球温暖化の「ポスト京都議定書」をめぐる論争でもその背景、根底は同様である。

3. 国立公園の誕生—保護地域とは何か—

(1) 世界で最初の国立公園

　保護地域は、古くは王侯貴族などの狩猟の場や狩猟対象動物の確保などのために誕生した。紀元前700年には、アッシリアに出現したという記録もある。インドやヨーロッパでも数千年前から王家などの天然資源や狩猟動物の保護のための保護地域が設定され、アジアやアフリカにおいては村落共同体の聖地あるいは禁忌場所として存在した。日本でも、例えば江戸時代には「御留山（御禁山）」や「御巣鷹山」など、幕府や領主（大名）のために有用樹木の伐採を禁じたり、鷹狩用の鷹繁殖地を保護するための山、あるいは鴨猟のための鴨場などが各地に存在した。鷹場では、建物の新築や鳥類の捕獲などが禁じられていた。また、「木一本、首一つ」といわれる厳しい伐採制限を課して「木曾五

図9-1 ヨセミテ国立公園のヨセミテ渓谷とハーフドーム

木」(ヒノキ、サワラなど5種類の有用木材樹種)を保護した尾張藩の政策は有名だ。

世界で最初の国立公園は、1872年に誕生した米国の「イエローストーン国立公園 (Yellowstone National Park)」である。この公園の誕生には、有名な「キャンプファイア伝説」が残されている[2]。時はゴールドラッシュに沸く西部開拓の時代。幌馬車を連ねて西へ西へと進んだ開拓民たちは、適地があればそこで牧場経営などを始めた。土地はもともとは先住民族であるネイティブ・アメリカン(インディアン)のものだが、開拓民も政府も、そのような考えには至らなかった。連邦政府は開拓民に土地を提供する義務があり、開拓民が開墾すればそこは自分たちの所有地になった。

そんな時代、1870年9月のこと、ワッシュバーン (Henry D. Washburn) らの探検隊は、イエローストーン地域で間欠泉や雄大な滝などの大自然に目を奪われた。おそらくその夜、キャンプの焚き火に顔を染め、金属カップのコーヒーをすすりながら、隊員たちは昼間見た景色の感動に酔いしれていたことだろう。その時、コーネリアス・ヘッジス (Cornelius Hedges) という若者が、これらの大自然を個人所有にして荒らしてしまうのではなく、後世にまで伝えて公共の利益に供すべきだと熱く語った。彼にとっては、この主張を人前で披露するのは3回目だった。これが、世界で最初の国立公園、イエローストーン国立公園設立の契機となった。こうして、本来は先住民の土地であることにはお構いなしに、西部開拓で土地所有が細分化し"民有地化"されていく時代に、国立公園は公有地として確保されることになった。

しかし、米国国立公園黎明期の功績は、決してヘッジス1人だけのものではない。森の生活(ウォールデン)で有名なソロー (Henry David Thoreau) とともに米国の自然派(ナチュラリスト)の先人だったジョン・ミュアー (John Muir) など、多くの思想家、政治家、活動家などの努力の結晶であっ

たことも銘記しなければならない。「国立公園（あるいは自然保護）の父」ともいわれるジョン・ミュアーは、ヨセミテ国立公園の設立に尽力してジョンミュアー・トレイルにその名を残し、自然保護団体シエラ・クラブ（Sierra Club）の創始者でもある。

そのジョン・ミュアーが関わったヨセミテのほうがイエローストーンよりも、実質的には世界初の国立公園だという考え方もある。ヨセミテは、イエローストーン国立公園の誕生よりも早く、1864年に州立公園（state park）として誕生した（国立公園に指定されたのは1890年）。これは当時、たまたまヨセミテのあるカリフォルニア州には地方政府が確立されており、後世に伝えるべき自然を州立公園として管理することが可能だったことによる。他方、イエローストーンの属するワイオミング州では公園を管理すべき州政府機能が確立していなかったため、連邦政府が管理する「国立公園（national park）」となった。

また、米国の国立公園が最初から自然保護のために国有地として管理されたかというと、必ずしもそうではない。西部に鉄道を延伸していたNorthern Pacific Railroad Companyが、イエローストーンを観光地化して旅行客を独占しようと考え、民有地となるよりも連邦政府有地となるよう働きかけた結果でもある。すなわち、現代でいう生態系保全というよりも、観光のための風景保護の色彩が強かったともいえる。

これらのような、世界で初めての国立公園誕生の契機となった時代背景や自然へのまなざし、土地所有に対しての考え方などは、その後世界各地、特に植民地で設立された保護地域に、大変大きな影響を及ぼし、保護地域の性格や形態を特徴付けることになった。

（2）日本における国立公園の誕生

日本では、明治維新以降、さまざまな分野で西洋の法制度を取り入れた「近代化」が推進された。自然保護関連分野も、その例外ではなかった。太政官布告（1873（明治6）年）の「社寺其ノ他ノ名区勝跡ヲ公園ト定ムル件」により、上野、浅草、芝など現在でも存続している公園が設定された。これは近代日

本で公に「公園」の名称が使用された最初でもあり、現在の都市公園制度の始まりでもある。鳥獣保護でも、「鳥獣狩猟規則」(1873(明治6)年)に始まり、「狩猟規則」(1892(明治25)年)、「狩猟法」(1895(明治28)年)と次々に整備され、その後の「鳥獣保護及狩猟ニ関スル法律」(1963年)、「鳥獣の保護及び狩猟の適正化に関する法律」(2002年)へと連なっている。同様に、「森林法」(1897(明治30)年)の風致保安林などは、現在の保安林制度となっている。天然記念物も、明治時代ではないものの、大正時代に入って間もなく「史蹟名勝天然記念物保存法」が制定(1919(大正8)年)されている。

これに対して、「国立公園」の基となる「国立公園法」が制定されたのは、昭和6年(1931年)になってである。もちろん、国立公園がこの時期に突如として話題になったわけではない。明治時代に既に、「国設大公園設置ニ関スル建議案」(富士山中心)が第27回帝国議会で採択(1911(明治44)年)され、「日光ヲ帝国公園トナスノ請願」が第28回帝国議会で採択(1912(明治45)年)されている。さらに大正時代には、内務省は国立公園制度創設のために16候補地の調査を開始(1920(大正9)年)し、翌年には「明治記念日本大公園国立ノ請願」(富士山地域)が第44回帝国議会で採択(1921(大正10)年)された。

明治時代からの動きにもかかわらず国立公園の誕生が他の制度に比較して遅れた理由はさまざまであるが、主要なものは米国と違って細分化された土地利用と土地所有形態、さらに国立公園の目的論争(自然保護が主体か、観光開発が主体か)などであろう。これが、昭和に入って急遽制度化されることになったきっかけは、1929年(昭和4)年の米国ウォール街での株価大暴落に象徴される世界恐慌である。すなわち、外貨獲得のために外国人観光客を誘致することが国策となったのだ。実際この時期には、不況対策のための国際観光地開発(1927(昭和2)年 経済審議会答申)、国立公園協会設立(1927(昭和2)年)、国立公園調査会設置(1930(昭和5)年 閣議決定)、鉄道省(現在の国土交通省)に国際観光局設置(1930(昭和5)年)と相次いで関連施策が講じられている。これはまさに、世界不況に見舞われた現代の日本が推進している「観光立国」政策そのものである。2008年に誕生した観光庁も、そのルーツは

この時代に遡る。

　このように世界恐慌が1つの契機となり、ついに国立公園法が制定（1931（昭和6）年）され、国立公園が指定（1934（昭和9）年）された。ただし、国立公園の誕生の背景には、決して外貨獲得の観光政策や地域振興だけではなく、明治時代の志賀重昂『日本風景論』（1894年初版）にも連なるナショナリズムあるいは郷土意識があったことも無視できない。また、米国を範としながらも土地所有にこだわらず、民有地も包含した日本型の公園指定制度の考案などにより、懸案が解決したことも大きい。一方で、この日本型の公園指定制度は、良くも悪くもその後のわが国の国立公園ガバナンスに影響し、米国型のそれと大きく隔たることとなる[3]。

図9-2　新しい釧路湿原国立公園では生態系保全が重視されている

4．保護地域と地域開発—なぜ保護地域は地域開発の支障となるのか—

（1）国立公園の世界的拡張と強制退去

　19世紀後半に米国で誕生した国立公園は、時の帝国主義時代の流れの中で世界各地の植民地に移入されていった。こうして国立公園が世界に広まる中で、自然は人類の干渉から逃れて保護されるべき、という考えも広まっていった。米国型の国立公園（Yellowstone Model）は、先住民には無頓着に、先住民を追放して保護地域を設定するものだった。これは、ヨーロッパの王侯貴族のための保護地域と同様の発想である。そして植民地においても、再び先住民

を無視した保護地域制度が取り入れられていった。アフリカでは、国立公園はハンター、科学者、旅行者のためのものとして設立された。

植民地へ広まった米国型国立公園の管理方式(ガバナンス)は、世界の生物多様性の保全に大きく貢献したものの、同時に地域社会には深刻な影響も及ぼした。すなわち、先住民や地域住民が保護地域から強制的に退去させられ、土地は国有地として管理されてきた。

グレーター・セント・ルシア湿地公園(Greater St. Lucia Wetland Park)でも、先住民は世界遺産登録のための犠牲になったとの感が強い。湿地公園は、南アフリカ共和国クワズール・ナタール州の東部海岸に位置し、面積は26万haにも及ぶ。1999年には南アフリカで最初の世界自然遺産にも登録され、公園内には2カ所のラムサール登録湿地もある。公園は、多くの水鳥のほか、カバやワニも生息する河川・湿地と、砂丘や岩壁の連なる海岸部とから構成されている。

クーラ(Khula)村は、セント・ルシア町近くに位置し、先住民の移住により成立した村である。住民は、もともとは湿地周辺の森林に居住していたが、保護地域(公園)内居住は認められないとの政府(公園当局)の方針により、森林地域から追放された。先祖からの土地所有を主張し、追放政策に抵抗する住民は不法占拠を続け、住民の逮捕も相次いだ。こうした政府と地域社会との長い闘争の末、1993年の両者の合意により、逮捕者は釈放され、地域社会は代替地を所有することとなった。これが、現在のクーラ村である。それでもまだ移住を拒否し森林地域に居住し続ける住民もいる。こうした住民による農地開墾により、森林と周辺湿地は深刻な影響を受けている。

(2) 保護地域と地域社会の軋轢

途上国が保護地域面積割合の拡大に反対するのは、一言でいえば、開発などに支障があり、世界の生物多様性保全の恩恵は先進国が受けるのに、保全のために途上国だけが犠牲を強いられると考えるからだ。その背景には、これまでみてきたとおり、植民地時代などの保護地域は、先進国の人びとの狩猟や観光などの目的、あるいは単に保護主義による野生生物保護の目的だけのために設

定されたもので、地域住民(先住民)には利益はなかったとの思いがある。実際、保護地域内に居住していた住民は、保護地域から追放され、いわゆる米国型国立公園などとして管理されてきた。

　途上国とその住民にとって保護地域は、単に自然状態を維持するだけで何も利益を生み出さない。それどころか、途上国にとっては外貨獲得、住民にとっては現金収入の手段であるチークなど有用材の伐採やオイルパーム(アブラヤシ)などのプランテーション開発の対象地とすることもできない。それだけではなく、保護地域として管理するためには、保護地域の資源に依存する住民から自然を守るためのレンジャーなど、保護のための費用も膨大なものとなる。結局、保護地域は利益を生み出さないだけでなく、地域社会の生活を破壊し、地域開発の支障になるものと考えられてきた。

　日本でも、国立公園制度の誕生の頃には観光への期待から多くの自治体が公園指定を陳情した。指定調査団は、各地で盛大な歓迎を受けたという。しかし、戦後の高度経済成長などにともなう自然破壊が顕著になり、環境庁(当時)の設置(1971年)を象徴とする自然保護が叫ばれる時代になると、国立公園は自然保護の根幹的な制度となり、規制も厳しくなっていった。その頃になると、国立公園の各地ではかつての指定歓迎に替わって指定解除運動も起きるようになった。

　現代の世界遺産(自然遺産)も、今のところは観光に寄与するものとして地元では歓迎する向きが強い。実際、屋久島、白神山地、知床といった世界自然遺産の登録地では、登録後に観光客は急増している。その一方で、入込圧による植生など自然への悪影響も懸念されている。世界文化遺産の登録を目指している「富士山」では、地元の山梨県富士河口湖町の観光業者が規制強化への懸念から世界遺産の登録に反対した[4]。

5. 保護地域ガバナンスの変遷―地域社会重視のトレンド―

（1） 統治管理から地域社会重視のガバナンスへ

　1872年に広大な国土を有する米国で始まった国立公園制度では、国立公園内の土地は国直轄の公園専用地域として管理された。アフリカ、中南米や東南アジアなどの欧米植民地に導入された米国型保護地域の管理は、先住民などの伝統や生活を無視し、時には部落ごと公園区域から追放するような「統治管理型」であった。19世紀の植民地時代から1970年代までは人を排除して自然を保護する考え方が支配的であり、セレンゲティ（Serengeti）国立公園（タンザニア）では先住民マサイ族が公園から退去させられるなど、世界各地で先住民や地域住民が保護地域から排除されてきた。

　しかしその後、保護地域の管理のためにも、地域社会の生活の安定は必要だとの認識が生まれてきた。これには、生物多様性条約を巡る途上国と先進国との対立などで、途上国の資源原産国意識や先住民・農民・女性の権利意識が芽生え、これに先進国が理解を示してきたこともある。1975年ザイールのキンシャサで開催された第12回国際自然保護連合（IUCN）総会において「伝統的生活様式の保護」と題する決議がなされたのをはじめ、特に第3回世界国立公園会議（1982年インドネシア・バリ島）以降、保護地域と地域社会の両立や計画・管理に地域住民を参加させる必要性などが世界的に認識されるようになってきた。

　保護地域のガバナンスについて、地域社会との関係に焦点を当てると、以下のような変遷が認められる。すなわち、先住民などを排除して自然保護を図る「統治管理型」から、政府援助などの大規模プロジェクトにより保護と開発の統合を模索した「開発援助型」、エコツーリズムによる地域社会の経済的な安定と自然保護の両立を図る「自立支援型」、さらには保護地域内での伝統的な自然資源利用も許容する「資源許容型」、公園管理などに地域住民の参加を促し地域社会との協働管理をめざす「参加協働型」、先住民や地域社会に保護地域の管理を任せる「地域管理型」への変遷である。以下では、これらを順に論

じていく。

（2） 開発援助による保護と開発の統合

　保護地域の管理と地域住民の社会・経済的要求を調和させることにより生物多様性保全を保証しようとする「保全開発統合プロジェクト（ICDP）」の考え方が、1982年の第3回世界国立公園会議で提示された。1980年代から90年代にかけて、世界銀行などの主導により世界各地で実施されたこのプロジェクトは、政府開発援助が中心となるものであり、保護地域のガバナンスからはいわば「開発援助型」ともいえるものである。

　これは、社会経済的な開発の促進と保護地域の自然を損なわないような方法による地域住民への現金収入により、保護地域全体としては自然保護を達成しようとするものだ。狩猟や家畜放牧などの伝統的な行為を生活手段として認め一部の開発は許容する一方、依然として地域住民には厳しい監視と土地利用制限を課した。この結果、地域住民の不法行為よりも、政府の大規模開発の方が自然保護上の問題となり、結局は失敗に終わった例が多い（MacKinnon and Wahjudi 2001）。

（3） エコツーリズムの誕生

　自然の保護と地域社会の生活の安定との両立を図る手段として、近年「エコツーリズム」が注目を浴びている。国立公園とは、そもそも自然を保護しつつレクリエーション利用などに供する場として設定されたもので、米国のレンジャーやビジターセンターに代表されるような自然解説もともなうものであった。しかし、国立公園誕生の過程では前述のとおり、先住民であるネイティブ・アメリカン（インディアン）の土地を取り上げることになった。同様に、アフリカ、中南米や東南アジアなどの植民地に導入された米国型の国立公園制度も、先住民などの伝統や生活を無視し、公園区域から強制退去させることもあった。そのため、公園内の自然資源に依存して生活していた人びとと公園管理者との軋轢が生じた。また、かつての自然保護のための援助プログラムは、保護地域を設定し、そこでの自然観察のための仕組みは、ややもするとサファ

図9-3　コスタリカのエコツアー

リのような大規模な観光開発に発展することもあった。

こうしたマスツーリズムや地域社会対応への反省もあり、「持続可能な開発」の概念を提唱した「世界保全戦略」(IUCN など1980年)、およびこれを受けて開催された「第3回世界国立公園会議」(1982年インドネシア・バリ島) などを経て、「持続可能な観光 (sustainable tourism)」の概念と、地域社会を尊重した保護地域と経済発展を結び付ける考え方が徐々に形成され、「自然ツーリズム (nature-tourism)」や「コミュニティベース・ツーリズム (community-based tourism)」といった用語、さらに1983年には「エコツーリズム (ecotourism)」の用語も誕生してきた。

このエコツーリズムは、第4回 世界国立公園・保護地域会議 (1992年ベネズエラ・カラカス) において、自然保護と地域社会発展の統合の手段として明確に位置づけられた。エコツーリズムによる地域社会の経済性向上によって、保護地域内の自然資源に依存する生活からの脱却を図り、また住民が自然の価値を再認識することで、自然保護を保証しようとするものである。つまり、保護地域ガバナンスとしては、地域住民の経済的な自立を支援することで保護地域の自然保護を促進しようとする「自立支援型」と位置付けられる。

また、単に地域住民との関係だけではない。多額の国際的負債を抱えた途上国政府を救済する手段としての自然保護債務スワップ (debt for nature swaps: DfNSs) の実施に際して、途上国の財政基盤を強化するための経済的手段 (産業) としての位置付けもある。途上国は、1980年代中〜後期にはエコツーリズムを木材伐採、油脂抽出 (オイルパームなど)、牧畜 (家畜の草地での放牧)、バナナ園、あるいはマスツーリズムなどよりも破壊性の少ない外貨獲得の手段とみなすようになった。南アフリカでの研究によると、野生動物を対象にしたツアーは、牧畜よりも11倍の収入を地域にもたらしているとい

う（Honey 2008）。

（4）エコツーリズムと国際開発援助

エコツーリズムの定義は、世界最初のエコツーリズム組織である「国際エコツーリズム協会（TIES）」の1990年の定義のほか多くの定義があるが、立場により異なり曖昧である。筆者としては、①自然（文化）を損なわない持続可能な観光利用、②自然（文化）の理解・学習、③地域社会の振興の要素を含み、これによって④自然（文化）と地域社会の双方に利益をもたらすものと考えたい（高橋1999）。

国際開発援助プログラムでは、「エコツーリズム」の用語を使用しているプログラムであっても、前述の要素のすべてを含んでいるとは限らないし、焦点の当て方もかなり異なる。一方で、「エコツーリズム」の用語を使用していなくとも、前述のエコツーリズムの要素に合致するような活動を取り入れているプログラムも多い。例えば、保存団体や地域共同体などによる地域文化を保存するための経費収入の一環としてエコツーリズムロッジを運営する場合もある。あるいは、地域の経済発展を目指す援助プログラムでは、外部資本によらずに、地域の活動として容易に実施できる観光産業としてのエコツーリズムを取り入れているものもある。

前述の保全開発統合プロジェクト（ICDP）でも、エコツーリズムの用語は使用していなくとも、自然保護と地域経済発展の両立を図るために、実質的なエコツーリズムが取り入れられてきた。しかし時として、経済開発を優先した大規模プロジェクトとして実施された場合には、従来のマスツーリズムと何ら変わらなくなる恐れも有している。

また、90年代半ばからは「リオ宣言」（1992年）などの影響もあり、国際援助の世界でも地域社会・共同体の尊重と住民参加を重視する傾向が強まった。開発プロジェクトも、ミニプロ（小規模プロジェクト）、草の根無償・技術協力など援助額が小規模で、NGOなどが主体となるものが盛んになった。これに伴い、エコツーリズムを取り入れた援助プログラムも一層増加した。日本（JICA）も、プロジェクトとしてエコツーリズムを明確に活動計画に取

り入れた最初の事例でもある「インドネシア生物多様性保全計画」(1995～2003年) をはじめ、マレーシアなど各地でエコツーリズムが取り入れられたプロジェクトを実施している。

(5) エコツーリズムと地域振興

エコツーリズムが実際にどのように地域社会の生活の安定、地域振興に結び付くのか。前述（第4節）の南アフリカ共和国グレーター・セント・ルシア湿地公園での事例を紹介する。

セント・ルシア湖の東西両岸を結び、グレーター・セント・ルシア湿地公園とセント・ルシア村の入り口ともなる橋の袂のセント・ルシア河口近くに、シヤボンガ (Siyabonga)・ビジターセンターが公園当局により建設された。センターには、観光客へのインフォメーション提供のほか、エコツーリズム用ボート（クルーズボート）の発券場、ガイドの待機場所、工芸品（クラフト）みやげ売り場とその製作作業場、さらには公園当局の事務所と住民集会場などの機能があり、クーラ村と公園当局との公平なパートナーシップにより運営されている。

エコツーリズム用ボートの運営は、いくつかの民間の特許権者が行っている。中でも主要なものは、Ezemvelo KZN Wildlife (EKZNW) という団体で、クワズール・ナタール州で100年にわたり、野生動物保護とエコツーリズムを推進し、研究や地域社会との連携も手がけてきた。なお、公園当局はこのほかにも、管理費用捻出のため、夜間ツアーやカヤックなどに対しても特許権を提供している。

ボートはビジターセンター前から出発し、約30分間のクルーズである。この間、ガイドによる野生動物のインタープリテーションがあり、カバ、クロコダイル、クロツラヘラサギ、ペリカンなどを観察することが

図9-4 観光客に動物の木彫りを売る住民
（グレーター・セント・ルシア湿地公園）

できる。このようなエコツーリズムのためのクルーズ運営では、船長、ガイドから発券などにいたるまで、さまざまな職種が必要とされ、多くの地域住民の雇用につながる。伝統的な動物木彫りやビーズ編みなどの手作業によるみやげ物製作や宿泊施設（ホテル、コテージなど）における掃除、洗濯、料理作りなども、地域住民に雇用の機会と収入をもたらしている。公園当局や関係NGOは、これらの地域住民の研修（ガイド、クラフト製作など）による支援も実施している。

ここでのみやげ物には、イグサのような植物（iNcema）で編んだ伝統的なマットもある。公園当局では、1960年代からこの材料植物のセント・ルシア湿地での栽培を制限つきで許可してきた。これは、地域社会の伝統的な生活と公園の保護の両立を図る目的であった。このため、集落と栽培地は、公園のバッファゾーンとして位置付けられた。また、伝統的な染料の原料となるムラサキイガイの採取も、集落資源利用地区（Community Resource Use Zone）では許可証を発行して認めてきた。

今日では、これらの収穫・採取に近隣の村からも参加するほどの大規模な産業となりつつある。今のところ、公園当局もEKZNWも、地域社会発展のため、近隣から集まった住民などに移動手段やキャンプでの水、燃料などの便宜を提供して、地域社会の発展を支援しているが、公園全般の保護と開発のあり方について政策の再検討が必要との声も出てきている。

（6） 地域住民の資源利用容認へ

保護地域ガバナンスは、「統治管理型」や「開発援助型」のような地域社会とは乖離したトップダウンの保護地域管理から、地域社会に密着し、これを基盤としたエコツーリズムによる経済的発展を図る「自立支援型」へと変遷してきた。第4回世界国立公園会議（1992年ベネズエラ・カラカス）の「カラカス宣言」や国連環境開発会議（1992年ブラジル・リオデジャネイロ）の「リオ宣言」「アジェンダ21」と「生物多様性条約」（1992年）に、地域住民・先住民の知恵と権利や地域社会の伝統の尊重が明確に盛り込まれたが、この流れは第5回世界国立公園会議（2003年南アフリカ共和国・ダーバン）ではさ

らに明確になった。「保護地域と地域住民・地域社会」は会議の主要テーマの1つとなり、会期中の各セッションでは、地元アフリカはもとより、南米エクアドルのコパンインディオ、オーストラリアのアボリジニ、カナダのイヌイット、マレーシアのイバンなどの先住民から、それぞれがおかれている生活の実態と保護地域の実情の紹介などもなされた。

　世界国立公園会議を主催し、生物多様性条約など主要な自然保護関連条約の制定を主導してきた「国際自然保護連合（IUCN）」では、世界の国立公園などの保護地域を6種のカテゴリーに分類している。この「保護地域カテゴリー」の1994年改訂に際しては、地域社会・住民との連携が保護地域管理上も重要との認識の高まりから、「生息地・種管理地域（Habitat/Species Management Areas）」とともに、自然資源をある程度の地域社会による利用を許容しながら管理する「資源管理保護地域（Managed Resource Protected Areas: MRPAs）」が追加された。

　ケニアのアンボセリ（Amboseli）国立公園では、世界銀行の財政的支援によりプロジェクトが実施され、マサイ族の遊牧民には伝統的な土地利用が公園内の緩衝地帯（バッファゾーン）で許容された。しかし、実のところ彼らの生活の糧である家畜放牧は、本当に必要な乾季や水源地では認められなかった。世界銀行による権利制限に対する保証金分配や公園外での水源確保、観光開発、学校建設などは、プロジェクトの華々しい成功例とされたが、プロジェクトの終焉とともに保証金は支払われなくなり、施設も老朽化してきた。結局マサイ族は満足できず、公園当局との対立は依然として続き、公園内での家畜放牧を強行している（Colchester 2003）。

（7）地域社会との協働管理

　さらに最近では、地域住民の参画による協働管理をめざす「協働管理保護地域（Collaborative Management of Protected Areas: CMPAs）」や取り上げた保護地域を先住民や地域社会に返還したうえで契約に基づき管理してもらう「先住民・地域社会保全地域（Indigenous and Community Conserved Areas: ICCAs）」などの概念も生まれ、実際に指定地域もオーストラリア、コ

ロンビア、ケニア、ネパールなど世界各地で増加してきている。本章では、前者のようなガバナンスを「参加協働型」、後者を「地域管理型」とする。

エコツーリズムで有名なコスタリカでは、コスタリカ生物多様性研究所（INBio）と公園当局との連携により、「パラタクソノミスト（parataxonomist）」が養成されている。パラタクソノミストは、分類学や生物学一般の基礎について6カ月の研修を受け、終了すると分類などの仕事に従事するものだ。収集された情報は、公園管理や生物資源開発に利用される。グアナカステ（Guanacaste）保全地域においては、地域住民が公園当局の研修を受けてパラタクソノミストとして科学的データ収集に従事している。あるパラタクソノミストは夫婦で従事し、月額約450米ドルを得ている（2002年調査時）。収入は他の職業に比して決して多いというわけではないが、その知的な職務内容と何よりも自分たちの成果が郷土の自然保全に役立っているという誇りから、十分満足しているという。公園当局は、これだけでなく、地域の高校校舎の建設や教育プログラムへの支援も行い、地域社会との連携を深めている。これは、「自立支援型」と「参加協働型」の中間的な事例の1つであろう。

次に、植民地における「統治管理型」から「参加協働型」、さらに「地域管理型」へと移行した国立公園の例として、南アフリカ共和国クルーガー（Kruger）国立公園の事例をみる。モザンビークとの国境に沿って南北350kmに及ぶ広大なクルーガー国立公園地域には、ゾウ、ライオン、サイ、バッファロー、ヒョウのいわゆるビッグ・ファイブをはじめとする147種に上る哺乳類と507種の鳥類などの野生動物が生息している。クルーガーは、小規模な野生動物保護区として1898年に指定されたのが始まりであり、1926年には南アフリカで最初の国立公園として国立公園局によって管理されるようになった。

1898年の指定当時は、ヨーロッパの植民地としての人種差別政策（アパルトヘイト）と、狭義の保護政策である米国型（統治管理型）の保護地域として、先住の地域住民（黒人）は区域から追放され、植民地支配の白人がサファリ（狩猟・探検旅行）を楽しむ場所でもあった。唯一公園内に留まることが許された黒人は、低賃金のサファリ関連労働者のみだった。人種差別政策が終

わった現在でも、公園利用に必要な入園料支払いや猛獣除けの自動車所有ができないといった経済的な理由から、地域の黒人には自由な公園利用ができないのが実情である。こうしたことから現在でも地域社会は、公園当局のことを土地や野生生物、薬草など生物資源の強奪者とみなしている。

一方で、最近では、地域住民の利益と持続可能な資源利用を組み入れた保全についての新たな考え方により、公園当局は先住民の地域社会と連携をとることに力点を置くようになってきた。これは、土地の返還、人種差別や性差別の撤廃、管理への地域社会参画の拡大、公園地域や自然資源へのアクセスの改善、観光と収入の増大、文化資源と伝統の存続など、地域住民の雇用から公園内資源へのアクセスまで幅広いものである。

公園当局は地域社会の公園管理などへの参加・協働を幅広く働きかけている。公園管理計画では、管理にあたって地域社会の意見を聞くこととされている。公園当局は、特に公園境界に隣接する集落の部族長、教育者、若者リーダーなどを公園管理に巻き込むための会合をNGOとともに開催している。また、公園を訪れたこともない地元学校生徒の教育支援プログラムとして、公園内での野外教育も実施している。公園地域は22担当区に区分され、250人のレンジャーが管理しているが、このレンジャーと地域社会との連携も重要である。

さらに、土地の返還に関しての極端な例であり、南アフリカで最も有名な例の一つとして、公園北端のパフリ（Pafuri）地域が挙げられる。マクレケ（Makuleke）部落の住民たち約3,000人は、1969年に家を焼き払われ、銃によって強制的にそれまで住んでいた地域から追放され、その土地はクルーガー国立公園に編入された。その後、南アフリカ共和国土地返還プログラム（1994年から）に基づき1998年には復帰主張が認められ、2万5,000haの土地が返還された。返還協定では、農業や定住などは公園当局の許可なしにはできないことになっており、保護と土地利用の両立が地域住民の責務ともなっている。この背景には、農業や牧畜による収入よりもエコツーリズムによる収入のほうが多く、保全との両立に適しているとの認識があるようだ。こうして、地域社会による「地域管理型」の50年間契約の「契約公園（Contractual Park）」

が誕生した。

6. 国立公園ガバナンスの変遷―協働管理に向かうインドネシアの事例―

(1) インドネシアの自然と資源

　インドネシアは、民族・文化のみならず、これを育んできた自然も変化に富んでおり、マングローブ林、低湿地から高山帯にいたる森林まで、多様な生息・生育環境、生態系を有している。さらに、ウォーレス線[5]で知られるとおり、東南アジアとオセアニアの生物相の接点にも位置することから、それぞれに多数の固有の生物種を有している。こうした地理的特性により、国内には約32万種といわれる多くの動植物が生息・生育している。中でも、哺乳類は515種（世界の12％に相当）で、一国に生息する種数としては世界最多であり、またその多く（36％）が固有種であるなど、インドネシアはアマゾンなどとともに世界でも有数の生物の多様性に富んだ地域となっている（BAPPENAS, 1993）。

　インドネシアは、大航海時代以降、その生物資源の豊富さから、チョウジ、ナツメグ、コショウといった香辛料を初めとする生物資源の争奪戦の場となった。特に肉料理に使う香辛料のチョウジは、モルッカ諸島だけに産出し、希少価値から当時は同じ重さの金よりも高価だった。覇権争いに勝利したオランダは、1602年に東インド会社を設立し、これらの権益を独占した。ジャカルタ近郊のボゴール市にある熱帯植物園（1817年開園、87ha）やインドネシア科学院（LIPI）所有の総計300万点にもおよぶ動植物標本は、熱帯生物資源のカタログ（見本）としての意味付けもあり、こうした資源争奪戦の一翼を担っていたともい

図9-5　チョウジを天日干しする住民（スマトラ島）

える。

　現在では、医薬品・食料品などの遺伝資源供給の面から生物多様性保全の重要性は高まっている。しかし一方で、木材供給や農耕地拡大のための森林伐採などにより、生物多様性の喪失が続いている。特に、1997年から1998年にかけての大規模な森林火災に加え、1998年スハルト体制崩壊後の政治経済の混乱は、環境保全予算の削減や合法的生産量の3倍にも達する違法伐採等の増加をもたらし、生物多様性の喪失に拍車をかけた。

（2）国立公園管理と開発援助

　インドネシアには大航海時代以降、香辛料などを求めてヨーロッパ勢が進出した。オランダは1602年の東インド会社によるジャワ島進出により実効的にインドネシアを植民地化したが、19世紀に入ると本国による直接統治が始まった。この植民地時代には、「土地法」(1870年) により、所有権の立証されない土地は国有地として管理された。1945年の独立後においても、「土地基本法」(1960年) により、所有権の確定していない森林は国有地として林業省が管理することとなった。

　インドネシアの保護地域の歴史は古く、オランダ統治時代の1889年にはチボダス (Cibodas) 自然保護地域が設定されていた。一方で、「国立公園」は比較的新しく、1980年に初めて当時担当の農業大臣により5公園が指定された。その直後の1982年10月には、「第3回世界国立公園会議」がアジアで初めてバリ島で開催されている[6]。しかし、国立公園が法律により正式に位置づけられたのは、1990年の「生物資源および生態系保全法」である。これにより、国立公園などの「自然保全地域」(Kawasan Pelestarian Alam) と自然保護区などの「自然保存地域」(Kawasan Suaka Alam) などが規定された。現行の1999年「森林法」においては、権利の設定されていない森林は国有とされ、国立公園は森林3区分の1つの保全林 (Hutan Konservasi) に位置付けられている[7]。2010年12月現在では、50国立公園が指定されている。

　オランダ統治時代のみならず独立後においても、国立公園は前述のように国有林に設定されていることから、公園地域内に居住することはもちろんのこ

と、公園内の自然資源利用も違法であった。すなわち、「統治管理型」の管理がなされてきたことになる。

これに少し変化の兆しがみえてきたのは1980年代である。この時期は世界国立公園会議の開催もあり、外国援助機関（ドナー）により法制度の整備や国立公園の管理に対する援助が行われた。その中で代表的なものは、世界銀行や世界自然保護基金（WWF）などによる保全開発統合プロジェクト（ICDP）である。Kerinci Seblat国立公園、Gunung Leuser国立公園、Wasur国立公園、Dumoga Bone国立公園（現在のBogani Nani Wartabone国立公園）など20以上の保護地域でプロジェクトが実施された。

多くのプロジェクトは、保護地域周辺集落の小規模な経済活動によって、住民による保護地域への負荷を軽減しようとするものである。一方で、Kerinci Seblat国立公園やGunung Leuser国立公園（ともにスマトラ島）のように大規模な開発をともなうものもある。ICDPによる保全と開発の連携の効果は必ずしも明らかではないが、経済的な恩恵を受けた集落のほうが受けない集落よりも、森林への侵入（encroachment）は少ないことを示す事例はある（MacKinnon and Wahjudi 2001）。一方で、プロジェクトの終了による援助資金の打ち切りは、被援助国による遂行継続の危うさを意味している。

（3）生物多様性保全プロジェクト

その後、1980年代後半から90年代になると、CBD制定（1992年）もあり、国立公園管理にも生物多様性保全に焦点が当てられるようになってきた[8]。前述の「生物資源および生態系保全法」（1990年）では、法律文中にも「生物多様性」の用語が使用されている。

こうした時期に、日本と米国は世界の生物多様性保全のための共同プロジェクトを開始することで合意[9]した。1994年8月の日米イ3国による合意を得て、インドネシアにおける協力プロジェクト「生物多様性保全プロジェクト」が発表された。この合意に基づき、米国は、生物多様性保全のための調査研究等の活動を推進する非政府機関（NGO）に対する助成基金「インドネシア生物多様性基金（IBF）」を創設し、そのための資金2,000万米ドルを拠出した。

これに対し、日本は、プロジェクト方式技術協力と無償資金協力により調査研究、情報整備、国立公園管理の分野で協力（以下、JICA プロジェクト）することとなった。協力期間は、第1フェーズが1995年から1998年、第2フェーズが1998年から2003年までの合計8年間である。

国立公園管理では、グヌン・ハリムン（Gunung Halimun）国立公園（当時）を対象地として、国立公園管理事務所とリサーチステーションを整備提供したほか、公園管理計画の策定や環境教育、エコツーリズムなどの技術協力が実施された。グヌン・ハリムン国立公園は、ジャカルタの南西約100kmに位置し、1992年に指定された面積4万haの国立公園で、ヒョウやジャワギボンなどの希少動物も生息するジャワ島では残り少ない自然林の地域である。しかし、公園の中央部には指定前からの広大なティー・プランテーションと紅茶工場が操業されていた。この部分は公園地域からは除外されていたものの、他にも集落が公園内に点在し、こちらは違法居住とみなされた。また、金鉱採掘などの違法行為も行われていた。

JICAプロジェクト開始当時は公園指定後間もなく、公園管理のための管理計画の策定が急務とされた。第1フェーズで策定された国立公園計画では、自然の特性などに基づき、核心地区、原生地区および利用地区に区分することとした。当初JICAチームは、日本の地域制公園の経験も踏まえ地域との協働の観点から、伝統的利用地区として地域住民による慣習的な植物採取などを許容する地区を設定する考えを提案したが、林業省での公園管理計画の地域地区としては未だオーソライズされておらず、考え方自体は関係者間で合意されたものの、正式な計画案に盛り込むまでには至らなかった。しかし、その後の第2フェーズでもJICAチームは、エコツーリズム計画策定などを通じて、日本型の地域社会との協働管理を提案し続けた。

（4）協働型管理への模索

2003年6月にはサラック山地域が拡張され、名称もグヌン・ハリムン・サラック（Gunung Halimun Salak）国立公園に改称されて面積は11万3,000haとなった。この際に、自然状態とは無関係にそれまで林業公社が管理していた

土地などを機械的に公園に編入したこともあり、公園内には多くの集落が含まれることとなった。この結果、拡張前からのものも合わせ、公園内には300以上の集落、10万人以上が居住しているといわれている。インドネシアのそれまでの公園制度では、これらの集落、住民は、すべて違法であり、公園管理当局と地域住民との間にはさまざまなトラブルが生じた。

図9-6 地域住民との協働管理の話し合い（グヌン・ハリムン・サラック国立公園）

いくら法律違反とはいえ、実際に古くから居住している地域住民のすべてを公園内から退去させるのは困難である。こうした背景をもとに、2004年には「自然保存地域および自然保全地域の共同管理に関する大臣規則」により、公園指定前から居住している集落などを「モデル保全集落（Model Kampung Konservasi: MKK）」として指定し、住民との協働を目指す政策に転換した。さらに、2006年には「国立公園のゾーニングガイドライン大臣規則」により、地域住民が公園内の動植物などを利用することが可能な「伝統的ゾーン（Zona tradisional）」とともに、既存の耕作地などを「特別ゾーン（Zona khusus）」として明確に位置付けることになった。これらの政策の転換には、日本の「生物多様性保全計画」（1995～2003年）、「グヌンハリムン・サラク国立公園管理計画」（2004～2009年）といったJICAプロジェクトの活動が大きく寄与している。すなわち、これらの政策は国立公園内における地域住民による生物資源利用を認めたばかりか、公園指定前からという制限付きながらも居住まで追認したものであり、それまでのインドネシアでの国立公園管理政策、森林管理政策からすれば画期的な転換ともいえる。

しかし、制度は整備されても実態がともなわないのは、多くの途上国が経験するところである。インドネシアでも、国内50国立公園において、管理体制、予算、職員能力レベルなどで大きな差がある。また、同じ法制度の下でも、管理事務所所長の意識も含めて管理実態の差が大きい。例えば、スマトラ

島のワイ・カンバス（Way Kambas）国立公園では、公園指定前から居住していた証拠が示されないとして、キャッサバ（シンコン singkong）畑に入植していた住民は 2010 年 8 月までに公園外に強制退去させられた。現金収入への欲求、伐採開墾地になれば森林扱い（国有林・国立公園）ではなくなるとの住民の認識、そして不明確な境界線により、スマトラ島の他の公園でも、あるいはインドネシア各地の森林でも、キャッサバやオイルパームなどのプランテーションが不法に拡大されている。これらの公園管理上のアンバランスを解消し、生物多様性保全と持続可能な利用を推進するため、JICA プロジェクト「生物多様性保全のための国立公園機能・人材強化プロジェクト」（2009～2012 年）により、地域住民との協働型管理を目指した公園管理官の人材養成・研修が行われている。

7. おわりに——保護地域管理の新たなパラダイム——

「生物多様性条約（CBD）」において生物多様性保全の中心的な役割（in-situ conservation）を担わされた「保護地域」も、CBD-COP10（2010 年）の「愛知ターゲット」に関する討議では、その面積拡大について関係国の主張に大きな隔たりがあった。いわゆる南北対立だが、その背景には保護地域をめぐる先住民や地域社会との軋轢がある。

また、生物多様性保全のためには、単なる保護地域の面積増加だけではなく、保護地域の配置およびその効果が十分発揮できるような法制度、管理組織、人材などの充実も必要である。さらに、地域社会の貧困の解消も必要となる。

本章では、これらを考察するために地域社会との関係を焦点に保護地域のガバナンスの変遷などをみてきた。すなわち、先住民などを排除して自然保護を図る「統治管理型」から、政府援助などの大規模プロジェクトにより保護と開発の統合を模索した「開発援助型」、エコツーリズムなどによる「自立支援型」、さらには自然資源の利用も許容する「資源許容型」、地域社会との協働

管理をめざす「参加協働型」、先住民や地域社会に管理を委ねる「地域管理型」へのパラダイムシフトである。これまでの考察と国連やIUCNなどが主催する国際会議での決議・勧告から、地域社会・住民の参画を重視した保護地域の設定管理をまとめると、おおむね別表のようになる。

地域社会との協働へ向けた保護地域ガバナンスのパラダイムシフトでは、日本型のシステムが参考となることもあるが、途上国などへの無条件の押し付けでは、かつての統治管理型の二の舞になるおそれもある。日本国内においても、途上国と先進国の南北問題に類似した地域開発をめぐる課題が内包されていることに留意する必要がある。また、地域住民との協働で重要なことは、単に保護地域に関わる仕事、あるいは観光関係に関わる仕事に従事している者にとっての経済的な効果のみならず、国立公園内の自然の保全が地元社会の発展にも寄与しているということが住民間に広く認識されることである。

表9-1 保護地域の設定管理における地域との協働

(1) 全般的な考え方・傾向
① 地域住民との協働を目指した保護地域(保護地域から追放せず、土地の返還も)
② 自然保護と地域社会の経済発展との両立
③ IUCN保護地域カテゴリーの「生息地・種管理地域」「資源管理保護地域」の拡充
④ 地域社会により成立する「景観保護地域」、特に「文化景観」の評価と保全
⑤ 地域住民の権利尊重の考え方(リオ宣言、第5回世界公園会議ダーバン宣言など)
(2) 保護地域の設定
① 住民への周知と意見の尊重(公聴会、パブリックコメントなど)
② 公園管理計画決定への住民参加
③ 住民生活と共存可能なゾーニング制度(伝統的利用地区の設定など)
(3) 保護地域の管理運営
① 地域住民への周知と環境教育(周辺での学校教育支援を含む)
② 管理計画策定への住民参加
③ 伝統的資源利用の容認
④ 保護地域境界の確定
⑤ 管理への住民参加(管理官としての雇用を含む)
⑥ モニタリングなど調査研究への協力と雇用
⑦ エコツーリズムの推進(保全と地域経済発展の両立、プログラム開発、施設提供、研修など)
⑧ 地域社会への管理委託(先住民・地域社会保全地域(ICCAs)など)

保護地域ガバナンスにおける植民地時代の「統治管理型」から現代の「地域管理型」へのパラダイムシフトは、COP10 のもう 1 つの争点であった「名古屋議定書」（遺伝資源へのアクセスと利益配分（ABS）を規定）における生物資源の共有（実態は、大規模な資源利用が可能な先進国の支配）から原産国の権利の尊重への動きに呼応する。保護地域ガバナンスにおけるパラダイムシフトは土地をめぐる支配権の攻防であり、ABS は土地から生じる生物資源をめぐる支配権の闘争ともいえる。

本章の考察では地域開発（地域社会の経済発展）に焦点を当ててきたが、第 2 節で述べたとおり南北対立を背景とした途上国全体における経済開発と自然保護の軋轢があることにも留意する必要がある。一方で、地球温暖化防止の面からも、森林の減少・劣化抑止（REDD+）のための保護地域管理と地域社会の振興が期待されている。いずれにしろ、生物多様性保全と地域社会発展の両立は、21 世紀の大きな課題の 1 つである。

　　＊本章の一部には、平成 22 年度環境省地球環境研究総合推進費「生態系サービスからみた森林劣化抑止プログラム（REDD）の改良提案とその実証研究」（D-1005）の成果を使用しています。

【注】
1) 世界国立公園会議（World Parks Congress）は、世界の国立公園・保護地域関係者が一堂に会する 10 年に一度の会議で、自然保護の国際会議では最大のものである。国際自然保護連合（IUCN）と開催国の主催によって、1962 年の米国シアトルでの第 1 回会議以来、72 年に米国イエローストーン国立公園で第 2 回が、82 年にインドネシアのバリ島で第 3 回が、92 年にベネズエラのカラカスで第 4 回が、2003 年には南アフリカ共和国のダーバンで第 5 回が、それぞれ開催されてきた。第 3 回会議の勧告では、世界の全陸地面積の 5％を保護地域とすることが目標とされた。
2) 多くの書籍などに登場するこの逸話は、米国内務省国立公園局（National Park Service）のホームページでも、「国立公園管理の歴史」http://www.nps.gov/yell/historyculture/admindevel.htm（2009 年 2 月 26 日参照）などで紹介されている。
3) 日本では、国立公園内に民有地も含むため、建築や伐採などの行為を規制して自然・景観

第9章　生物多様性と地域開発——愛知ターゲットと保護地域ガバナンス——　205

を保護する「地域制」と呼ばれる制度を採用している。これに対して、米国は国有の公園専用地域として管理する「営造物制」と呼ばれる制度である。米国の国立公園は、消防や警察の機能も含めて、ナショナル・パーク・サービスにより一元的に管理されている。日本の国立公園管理では、地域制に加えて国立公園管理官（パークレンジャー）数も米国に比して極端に少なく、自治体や民間企業（観光業など）を含む地域社会との連携なくしては管理ができなかった。すなわち、結果的に日本型国立公園管理制度は、誕生時から協働管理を取り入れたものにならざるを得なかった。

4) 朝日新聞 2006 年 11 月 20 日付夕刊記事など。山梨県は、反対の多い河口湖などの地域を遺産地域から除外する案も検討せざるを得なかった。

5) ウォーレス（Alfred R. Wallace）により発見されたとする生物の分布境界線。バリ島とロンボック島の間のロンボック海峡からスラウェシ島の西側を通過してフィリピンのミンダナオ島の南に至り、生物地理区を区分する。この線より西側は東洋区に属し、インドシナ半島やインド亜大陸との類縁種が多く、一方東側はオーストラリア区に属し、ニューギニア島やオーストラリア大陸との類縁種が多い。なお、ウォーレスは、自然選択説を提唱し、ダーウィンの進化論（種の起源）の発表にも影響を与えた博物学者としても有名。

6) 会議では、「持続可能な開発のための公園」をテーマとして、自然資源保全のための保護区の設定・管理や先住民・地域社会への配慮などを勧告する「バリ宣言」が採択されるなど、前述のように自然保護・保護地域管理におけるパラダイムシフトの契機となった。筆者による日本の地域制国立公園制度の発表にも高い関心が寄せられた（高橋進「第 3 回世界国立公園会議」『国立公園』398、1983 年、22～25 頁）。

7) 森林法は森林を、保全林（Hutan Konservasi）、保安林（Hutan Lindung）、生産（Hutan Produksi）の 3 種に区分している。保全林は、さらに自然保存林（Hutan Suaka Alam）、自然保全林（Hutan Pelestarian Alam）、および狩猟公園（Taman Buru）に区分されている。なお、「保護」「保存」「保全」などの用語は、自然保護政策上では必ずしも明確に定義されて使用されているものではない（高橋 2007）。本章では、インドネシア保護地域制度の和訳に際しては、内容も勘案してこれらの用語をあてはめた。

8) インドネシアは、生物多様性条約が制定されると 1994 年 8 月に同条約を批准し、翌 1995 年 11 月には第 2 回生物多様性条約締約国会議（COP2）をジャカルタで開催した。また、1993 年には「インドネシア生物多様性行動計画」（Biodiversity Action Plan for Indonesia：BAPI）が公表されている。これは、生物多様性条約の規定による生物多様性国家戦略（National Strategy）（第 6 条）として位置付けられている。この BAPI に基づき、保護地域の設定その他の保全施策や生物多様性資源の利用施策が実施に移されている。

9) 1992 年に「日米グローバル・パートナーシップ・アクションプラン」として合意、その後の米国の政権交代にともない、名称も「日米コモン・アジェンダ」に変更された。

参考文献

2010 Biodiversity Indicators Partnership. *Biodiversity Indicators and the 2010 Target: Experiences and Lessons Learnt from the 2010 Biodiversity Indicators Partnership.* Montreal: Secretariat of the Convention on Biological Diversity, 2010.

BAPPENAS. *Biodiversity Action Plan for Indonesia.* Ministry of National Development Planning, 1993.

Coad, Lauren et al. "Progress towards the Convention on Biological Diversity terrestrial 2010 and marine 2012 targets for protected area coverage." *Parks* 17 (2), 2008. pp.35-42.

Colchester, Marcus. *Slaving Nature: Indigenous Peoples, Protected Areas and Biodiversity Conservation.* Moreton-in-Marsh: World Rainforest Movement. 2003.

Higgins-Zogib, Lisa, Nigel Dudley, Stephanie Mansourian and Surin Suksuwan. "Safety Net: Protected Areas Contributing to Human Well-being," in Nigel Dudley and Sue Stolton eds. *Arguments for Protected Areas: Multiple Benefits for Conservation and Use.* London: Earthscan, 2010, pp.121-139.

Honey, Martha. *Ecotourism and Sustainable Development: Who Owns Paradise?* (2nd ed.). Washington, D. C.: Island Press, 2008.

Kothari, Ashish. "Protected areas and people: the future of the past." *Parks* 17 (2), 2008. pp.23-34.

MacKinnon, Kathy and Wahjudi Wardojo. "ICDPs: imperfect solutions for imperiled forests in South-East Asia." *Parks* 11 (2), 2001. pp.50-59.

Morris, Jason and Kol Vathana. "Poverty reduction and protected areas in the Lower Mekong region." *Parks* 13 (3), 2003. pp.15-22.

Secretariat of the Convention on Biological Diversity. *Linking Biodiversity Conservation and Poverty Alleviation: A State of Knowledge Review.* Montreal: Secretariat of the Convention on Biological Diversity, 2010.

Sellars, Richard West. *Preserving Nature in the National Parks: A History with a New Preface and Epilogue.* New Haven & London: Yale University Press, 2009.

環境庁自然保護局『自然保護行政のあゆみ』第一法規出版、1981年。

高橋進「インドネシア生物多様性保全プロジェクト（報告）」『国立公園』567号、1998年、34～40頁。

高橋進「インドネシアのエコツーリズム」『エコツーリズムの世紀へ』エコツーリズム推進協議会、1999年、108～116頁。

高橋進「生物多様性政策の系譜」『ランドスケープ研究』64 (4)、2001年、294～298頁。

高橋進「生物多様性保全と国際開発援助」『季刊環境研究』126号、2002年、86～95頁。

高橋進「海外の保護地域政策 ―途上国における地域住民の公園管理への参加・協働体制の状況」『平成15年度自然公園のあり方検討調査業務報告書』(財)国立公園協会、2004年、357〜375頁。

高橋進「IUCNにおける自然保護用語の変遷」『環境情報科学論文集』21、2007年、345〜350頁。

高橋進「国際環境政策論としての生物多様性概念の変遷」『共栄大学研究論集』第3号、2005年、81〜105頁。

高橋進「国際的な生物多様性政策の転換点に関する研究」『環境情報科学論文集』23、2009年、185〜190頁。

田中耕司「森林と農地の境界をめぐる自然資源とコモンズ ―現代の環境政策と地域住民」『地球環境史からの問い ―ヒトと自然の共生とは何か』岩波書店、2010年、296〜313頁。

■執筆者紹介

毛利　勝彦　（もうり・かつひこ）
　　国際基督教大学教養学部教授
　　担当章：第1章

石井　敦　（いしい・あつし）
　　東北大学東北アジア研究センター准教授
　　担当章：第2章

太田　宏　（おおた・ひろし）
　　早稲田大学国際学術院教授
　　担当章：第3章

香坂　玲　（こうさか・りょう）
　　名古屋市立大学大学院経済学研究科准教授
　　担当章：第4章

佐久間智子　（さくま・ともこ）
　　アジア太平洋資料センター理事
　　担当章：第5章

大河原雅子　（おおかわら・まさこ）
　　参議院議員
　　担当章：第6章

隅藏　康一　（すみくら・こういち）
　　政策研究大学院大学政策研究科准教授
　　担当章：第7章

粟野美佳子　（あわの・みかこ）
　　WWFジャパン自然保護室生物多様性条約担当
　　担当章：第8章

高橋　進　（たかはし・すすむ）
　　共栄大学教育学部教授
　　担当章：第9章

■編著者紹介

毛利　勝彦　（もうり　かつひこ）

　　国際基督教大学教養学部教授。
　　同大学社会科学研究所所員。
　　専門は国際関係学。

生物多様性をめぐる国際関係
───────────────────────
2011 年 5 月 30 日　初版第 1 刷発行

■編　著　者 ── 毛利勝彦
■発　行　者 ── 佐藤　守
■発　行　所 ── 株式会社　大学教育出版
　　　　　　　〒700-0953　岡山市南区西市 855-4
　　　　　　　電話 (086) 244-1268　FAX (086) 246-0294
■印刷製本 ── モリモト印刷㈱

Ⓒ Katsuhiko Mori 2011, Printed in Japan
検印省略　　落丁・乱丁本はお取り替えいたします。
無断で本書の一部または全部を複写・複製することは禁じられています。
ISBN978−4−86429−071−5